Wege und Pflaster selbst verlegen

Max Kirschner

Wege und Pflaster selbst verlegen

... mit Klinker, Holz und Naturstein

Natur Buch Verlag

Bildnachweis:

Redeleit: S. 6, S. 7, S. 9 o., S. 11 o., S. 12 u., S. 13 o., S. 15, S. 16, S. 18, S. 20 m., S. 20 u., S. 46, S. 48, S. 50, S. 52, S. 55, S. 56 u., S. 61, S. 63
Sulzberger: S. 9 u., S. 12 m., S. 25 o., S. 28, S. 29, S. 30, S. 35, S. 36, S. 37, S. 38, S. 47, S. 57 o., S. 62
Reinhard: S. 13 u., S. 17, S. 20 o., S. 26, S. 27, S. 32, S. 43, S. 44, S. 49, S. 51, S. 53, S. 56 o.
Bader: S. 12 o., S. 23, S. 24, S. 25 u., S. 39, S. 40, S. 41, S. 42, S. 45, S. 57 u., S. 58, S. 60
Zapf: S. 8, S. 10, S. 11 u., S. 14, S. 19, S. 21
Wir danken Werner Zapf, Bayreuth für die Werkfotos

Die Deutsche Bibliothek - CIP-Einheitsaufnahme

Wege und Pflaster selbst verlegen : ... mit Klinker, Holz und Naturstein / Max Kirschner. [Ill.: Anna Aisenstadt]. – Augsburg : Naturbuch-Verl., 1998
ISBN 3-89440-318-7

Naturbuch Verlag

Illustrationen: Anna Aisenstadt, Augsburg
Layout und Satz: CCG, Köln
Umschlaggestaltung: Michael Ballermann, Augsburg
Umschlagfoto(s): Wolfgang Redeleit
Satz: Gesetzt aus der Glypha und Helvetica von Sascha Kempf für CCG
Reproduktion: CCG, Köln
Druck und Bindung: Offizin Andersen Nexö, Leipzig
Gedruckt auf umweltfreundlich chlorfrei gebleichtem Papier
Printed in Germany

ISBN 3-89440-318-7

Einleitung

Die Funktion befestigter Flächen im Garten

Befestigte Flächen im Garten erfüllen in erster Linie die Funktion, daß der Benutzer auch bei anhaltend feuchter Witterung nicht im Schlamm versinkt. Dies gilt für Wege ebenso wie für Plätze. Während Plätze in erster Linie einem bestimmten Zweck dienen, zum Beispiel als Sitzplatz oder zum Arbeiten (Terrasse), stellen Wege die Verbindung zwischen verschiedenen Gartenteilen her und gliedern sie dabei gleichzeitig.
Die Wege selbst kann man noch unterscheiden in Eingangsbereiche, Parkplätze und Garagenzufahrten, Hauptwege, Nebenwege und schließlich Wege in Hanglagen – die Treppen.
Letztgenannte verursachen den größten Aufwand, erfüllen aber auch eine unersetzliche Aufgabe.
Die strukturelle Funktion verleiht den Wegen eine besondere Bedeutung bei der Gestaltung des Gartens. Form, Farbe und Wegebelag prägen den Charakter. Er sollte nicht nur auf die Nutzung des Weges, sondern auch auf die Wohngebäude und die Bepflanzung abgestimmt sein. Der Weg durch den Rasen wird ganz anders aussehen als der vom Gartentor zum Hauseingang oder wiederum der Weg zwischen den Gemüsebeeten.
Natürlich sollte auch die Zahl der Wege angemessen sein. Zu viele gewichtige Wege wirken zu unruhig, der Garten wird zerstückelt anstatt wohltuend geordnet.

Wege erschließen den Garten und prägen dessen Charakter.

Der Weg ist das Ziel

Diese Aussage gilt nicht nur für die Nutzer dieses Buches, die selbst einen Weg im Garten anlegen wollen. Es ist eine Weisheit aus dem Zen-Buddhismus, die besagt, daß nicht das Erreichen eines Zieles wichtig ist, sondern das Er-Leben, während man zu einem Ziel unterwegs ist. Mit dieser Maxime kann man auch die gestalterische Aufgabe eines Gartenwegs umschreiben: Es ist zwar unerläßlich, daß der Weg zum gewünschten Ziel führt, aber er sollte mit seiner Streckenführung, mit Farbe, Material und also dem gesamten Charakter seiner Umgebung und seiner Funktion angemessen sein. Wenn man auf dem Weg immer wieder neue Eindrücke gewinnt und von einer lebendigen Struktur angeregt wird, dann wurde die buddhistische Weisheit erfolgreich in den Garten übertragen.

Ein schmaler Klinkerweg bringt Ordnung in die Blumenbeete.

Gestaltungs-prinzipen

Die Wegführung

Selbstverständlich gibt es einige Grundregeln, an die sich der Laie halten kann. Die Breite und Befestigung eines Weges wird man vor allem nach der Art und Häufigkeit seiner Nutzung richten. Die grundsätzlichen Entscheidungen sind sehr komplex und von den Gegebenheiten und den Wünschen des Benutzers abhängig, so daß es nützlich sein kann, bei der Planung einen Gartenarchitekten mit hinzuzuziehen.

Dieser Hauptweg wirkt großzügig, aber er birgt keinerlei Überraschungen.

Hauptwege und Wiesenpfade

Die Garageneinfahrt muß für die besonderen Erfordernisse des Autos angelegt sein, sowohl was die Breite als auch die Belastbarkeit betrifft. Für die Hauptwege sollte eine Breite von 1,20 bis 1,50 m vorgesehen werden, so daß zwei Personen problemlos nebeneinander gehen können. Das genaues Maß wird vom Plattenmaß mitbestimmt. Solche Wege werden gerne mit dicht verfugten Platten belegt, ebenso wie größere Terrassenflächen (siehe S. 14).
Für Arbeitswege, die häufig mit dem Schubkarren befahren werden, sollte man eine Breite von etwa 80 bis 100 cm vorsehen, während für weniger begangene „Schönwetterwege“ 40 bis 60 cm ausreichend sind oder gar nur ein ausgetrampelter Erdweg. Um quer durch eine Wiese zum Kompostplatz oder zur Wäschespinne zu kommen, genügen oftmals einzelne Trittsteine. Die Wege gliedern durch ihren Verlauf den Garten, sollten aber nicht den Gesamteindruck dominieren. Gestalterische Bedeutung erreichen sie besonders im Kontrast zur Umgebung: Wenn zum Beispiel der einheitliche Belag neben dem bunten Blumenbeet Ruhe ausstrahlt, oder wenn verspielte Muster und Formen einen eher eintönigen grünen Rahmen beleben.

TIP! *Eine kreative Weggestaltung sollte nicht zuletzt dann in Betracht gezogen werden, wenn der gärtnerische Ehrgeiz eher gering ist. Die Anlage und Pflege von gelungenen Pflanzungen verursacht nämlich erheblichen Aufwand. Durch eine entsprechende einmalige Investition in die Weggestaltung läßt sich eine ähnliche Belebung erzielen. Umgekehrt legen erfahrene englische Gartengestalter zwischen abwechslungsreichen Pflanzbeeten oft nur Kieswege an, um das Auge nicht vom Wesentlichen abzulenken.*

Ein Weg braucht im allgemeinen ein Ziel (Gewächshaus, Häuschen, Kompostplatz ...) und sollte nicht sinnlos im Nichts enden. Notfalls kann man an einem funktionslosen Wegende einen beruhigenden Blickfang plazieren, eine Bank, eine Statue oder ähnliches.

Ein leicht geschwungener Pfad trennt Blumenrabatte und Wiese.

Gerade oder geschwungen?

Unterschiedliche Wegführungen verleihen dem Garten Struktur und Charakter – je nachdem, ob es sich beispielsweise um einen geradlinigen Plattenweg oder einen geschwungenen Weg aus Rindenmulch handelt. Gewundene Wege wirken organischer und passen besser zum Charakter von Pflanzen und Garten. Vor allem in großen Gärten sollte man nie die kürzeste Verbindung wählen. Gerade Wege strahlen Ruhe aus. Mit großen Platten läßt sich viel schwieriger ein geschwungener Verlauf gestalten als mit kleinem Pflaster.

Schmale Trittpfade zweigen vom Hauptweg in die Beete.

TIP!

Keine künstlichen Kurven! Trotz dieser Überlegungen sollte man nicht allein aus gestalterischen Überlegungen Kurven in den Hauptweg einbauen, die man natürlicherweise nie gehen würde. Überprüfen Sie deshalb zu Beginn der Planungen, welchen Weg Sie automatisch nehmen. Um diese Kernlinie herum kann man dann gestalten. Andernfalls nehmen die Betroffenen dauernd Abkürzungen, anstatt den Weg zu benutzen.

Der Benutzer sollte von einem Punkt zu einem anderen gelenkt werden, ohne daß er dabei den ganzen Garten überblicken kann. Denn dadurch ergeben sich immer wieder neue Einblicke und Perspektiven, die das Begehen des Weges zu einem abwechslungsreichen Erlebnis machen. Enge und weite Bereiche dürfen sich ruhig abwechseln, gelegentliche verbreiterte Plätzchen bringen zusätzlich Bewegung in den Wegverlauf.

Wegteile mit verschiedenen Materialien sorgen für Abwechslung.

Eine gelungene Bepflanzung kann ebenso für Kurzweil sorgen wie eine Plastik oder andere Elemente am Rand des Wegs, wenn sie die Aufmerksamkeit seiner Benutzer auf sich ziehen. Damit eine beidseitige Begleitpflanzung entlang des Weges nicht zu symmetrisch wirkt, sollte man immer wieder hohe Pflanzen einstreuen.

Farbe und Struktur der Beläge

Struktur und Farbe des Wegbelags bestimmen das Gartenbild entscheidend mit. Deshalb sollte die Materialauswahl nicht alleine von der Funktion beeinflußt werden.
Ein einheitlicher Belag bringt eine beruhigende Wirkung. Zumindest empfiehlt sich, ein Material auszuwählen, das vorherrschen soll und an dem sich die übrigen orientieren müssen. Durch die Kombination unterschiedlicher Farben und Texturen auf einer Fläche läßt sich eine abwechslungsreiche Gestaltung erreichen (siehe S. 57).

***Faustregel:** Je weiter ein Weg vom Haus entfernt ist, desto natürlicher darf und soll das Material wirken; je näher, desto strenger und künstlicher.*

Selbst der Charakter der Bepflanzung hat ein Wörtchen mitzubestimmen. Wo ein harmonisches Wechselspiel mit der Pflanzenwelt erwünscht ist, sollten keine geraden Linien dominieren. Auch Teiche oder künstlerische Gestaltungselemente sind zu berücksichtigen.

Der Belag sollte mit der Bepflanzung eine harmonische Einheit bilden.

***Achtung, Farbveränderungen!** Wie auch beim Holz dunkeln die Farben neuen Pflasters (Naturstein!) durch Abnutzung und Witterung nach. Deshalb dürfen die Kontraste ruhig am Anfang kräftig sein, damit die erwünschte Wirkung nicht nach kurzer Zeit völlig verloren geht. Gefärbte Betonsteine hingegen bleichen im Laufe der Zeit eher aus.*

Betonierte oder geteerte Flächen wirken im Garten langweilig. Bei vegetationsfreundlichen Pflasterbelägen ist sogar in den Fugen Platz für Bewuchs. Besonders schöne Kontraste mit frischem Grün und anderen hellen Laubfarben bilden Klinkersteine. Allerdings tritt die volle Wirkung nur an sonnigen Standorten zutage. Gestufte oder anderweitig verspielte Wegränder verstärken die Einheit mit der umgebenden Natur.
Für Wege in schattigen Gartenregionen sind Beläge mit rauher Oberfläche zu bevorzugen. Denn in der feuchtkalten Atmosphäre werden glatte Beläge schnell mit Moosen und Algen belegt und dadurch bei Regen zur glitschigen Rutschgefahr.

Der Eingangsbereich

Der Eingangsweg ist der wichtigste befestigte Bereich im Garten. Er wird praktisch jeden Tag benutzt und muß daher ganzjährig, bei jeder Witterung sicher begehbar sein. Gleichzeitig soll er individuell, bei Bedarf sogar repräsentativ wirken. Besonders attraktiv wirkt an dieser Stelle ein Materialmix, wenn zum Beispiel Betonplatten nach einem bestimmten Rhythmus in einen Pflaster- oder Klinkerbelag eingebaut werden (siehe S. 57).

Sogar der kurze Weg zum Haus kann abwechslungsreich sein.

Wege können nicht nur die Gartenteile miteinander verbinden, sondern auch Natur und Architektur. Deshalb muß der Belag auf das Gebäude abgestimmt sein, zu dem der Weg führt. Insbesondere die Fassade dient als Anhaltspunkt für die Materialauswahl. Die moderne Bauweise mit ihren klaren Linien wird am besten durch Natursteine oder Betonsteine ergänzt, manchmal auch mit Kieseln. Zu älteren, bäuerlicheren Häusern passen Klinker, Kies oder Holz sehr gut. Naturstein-Pflaster als Bindeglied kann fast alle Stilrichtungen begleiten. Ein gerader, beidseitig von Beeten gesäumter Weg vom Gartentor zum Haus zerschneidet den Garten. Diese Wirkung ist unerwünscht. Auch das sofortige, geradlinige Erkennen des Ziels macht den Weg unattraktiv. Deshalb sollten auf dem Weg zum Haus verschiedene „Erlebnisbereiche" durchschritten werden.

Ein strenger, aber offener Eingang mit Pflaster vermittelt einen anderen Eindruck als ein natürlich zugewachsener Hauptweg.

Die Garageneinfahrt

Der Maßstab für die Garagenzufahrt wird häufig durch die Garage vorgegeben. Ansonsten sollte sie mindestens 3 m breit sein, damit man beidseitig komfortabel aussteigen kann. Außerdem nimmt sie mindestens eine Parkplatzlänge (5 m) und je nach Entfernung der Garage zum Grundstücksrand noch mehr Fläche ein. Deshalb empfiehlt es sich, zum Ausheben des Untergrunds (siehe S. 30) eventuell einen Minibagger auszuleihen.

Nicht einmal für diesen Nutzungszweck ist ein versiegelter Boden erforderlich: Als Belag wären beispielsweise Rasengittersteine (siehe S. 35) gut vorstellbar, so daß der Eindruck entsteht, die Grünfläche würde sich fortsetzen. Beläßt man größere Fugen zwischen Pflastersteinen, so kann der Bewuchs ein grünes Streifenmuster bilden (siehe S. 44).

Eine weitere Minimallösung besteht aus zwei Fahrspuren. Mit einem bewachsenen Mittelstreifen wirkt dies sehr natürlich. Die lichte Weite zwischen den Streifen sollte 40 cm nicht übersteigen. Auch nach außen ist die Breite des Radstands lieber großzugig zu belegen, anstatt ständige „Seitensprünge" in Kauf nehmen zu müssen. Häufig genügt eine „wassergebundene Decke", wie der Fachmann den befestigten Kiesweg nennt (siehe S. 51). Ihn kann man zusätzlich von einem parallelen Fußweg (120 cm breit) aus Pflaster oder Platten begleiten lassen. Pflastersteine sind belastbarer als Betonplatten. Diese müssen zum Befahren mindestens 6 bis 7 cm stark sein; häufig unterlegt man sie mit einer Betonschicht. Eine großzügig befestigte Einfahrt hat den Vorteil, daß sie den Kindern einen „Innenhof" bietet, auf dem sie spielen können, ohne auf die Straße zu müssen.

Eine großzügige und individuelle Lösung, die Können erfordert.

Rasengittersteine lassen auch den Eingangsbereich natürlich wirken.

Gestaltungsprinzipien

Terrassen und Sitzplätze

Für die Lage der Terrasse ist wichtig, daß sie bequem vom Haus aus erreicht werden kann. Selbstverständlich sollte die Ausrichtung zur Sonne gründlich durchdacht sein: Morgens und abends, im Frühjahr und im Herbst ist eine möglichst vollständige Besonnung erwünscht.
Deshalb sind also nicht nur die Himmelsrichtungen, sondern möglichst auch flacher und steiler Sonnenstand zu berücksichtigen. Unter einer Baumkrone oder einer bewachsenen Pergola, deren Laub insbesondere im Sommer vor der Sonne schützt, findet man oft die optimalen Bedingungen.

Die individuelle Entscheidung kann sich oft am persönlichen Lebensrhythmus orientieren: Wer an Arbeitstagen um 7 Uhr aufsteht, um das Haus zu verlassen, und am Wochenende lange schläft, der hat recht wenig von einer Ostterrasse. Für Feierabend-Nutzer empfiehlt sich daher eher eine Westterrasse.
Im Schutz von Pflanzen und Bauten, das dürfen auch Hauswände, Mäuerchen oder hohe Stauden sein, entsteht gleichzeitig eine behagliche Athmosphäre. Nicht zuletzt trägt dazu der Sichtschutz bei. Denn wer sitzt schon gerne auf dem Präsentierteller?
In den meisten Fällen sind solche Sitzflächen rechteckig, manchmal gehen sie gestuft in die angrenzenden Pflanzbeete über. Bei rechteckigen Formaten liegt das Mindestmaß bei etwa 3 x 4 m. Diese Fläche braucht ein runder Tisch mit 4 Stühlen. Eine quadratische Fläche wirkt etwas langweilig.

Eine ruhige Terrassenfläche lädt zum Spielen, Plaudern und Faulenzen ein.

Optimal wäre ein ebenerdiger Anschluß der Terrasse zwischen Haus und Garten. Allerdings sollte zumindest eine 10 cm hohe Stufe vorgesehen werden, damit nicht ohne weiteres Regenwasser eindringen kann. Wenn die anschließende Terrasse durch einen überhängenden Balkon oder ein anderes Dach geschützt ist, genügt eventuell auch eine um wenige Zentimeter angehobene Türschwelle.
Wichtig ist, daß die Terrassenfläche ein Gefälle weg vom Haus aufweist. Viel mehr als ein Prozent darf es nicht sein, weil sonst auf dem schiefstehenden Tisch schnell die Kaffeetasse überläuft.
Wegen der Sitzmöbel sind zu kleinflächige Beläge mit vielen oder großen Fugen zu vermeiden. Andernfalls stehen die Stühle und Tische häufig auf wackeligen Beinen. Lediglich innerhalb eines sehr großen Plattenmeers dürfen feinere Muster eingewebt werden, damit es nicht zu eintönig wirkt. Oder man sorgt durch einen bewegten Rand oder eine lebendige Bepflanzung für Auflockerung.

Die Terrasse am Teichrand

Der an die Terrasse anschließende Teich ist eine Besonderheit der Gartengestaltung, die aber aus nachvollziehbaren Gründen nicht selten ist: Am Wasser gibt es viele interessante Pflanzen und sogar Tiere zu beobachten, was natürlich gerne aus der Nähe und am besten von einem Sitzplatz aus getan wird.

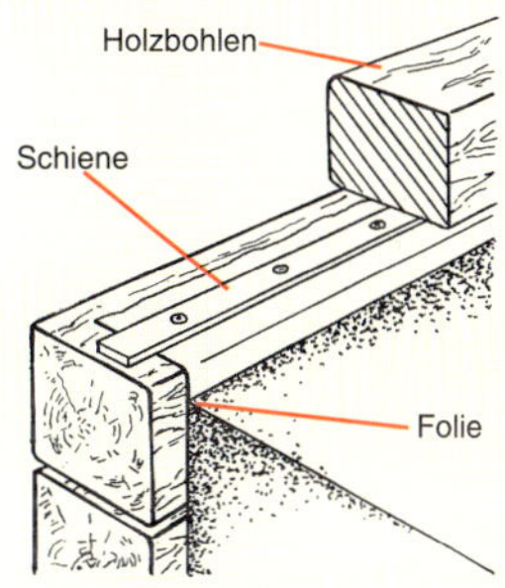

Mit Holzbohlen läßt sich die Teichoberfläche erhöhen

Ein begehbarer Teichrand erfordert ausreichende Stabilität, damit die Terrasse nicht zum unfreiwilligen Sprungbrett wird. Vor allem ein Steilufer muß dann eventuell durch ein Mäuerchen unterhalb des Wasserspiegels abgestützt werden.

Mit einer Holzterrasse gelingt der Anschluß an die Natur besonders gut.

Beliebt ist ein Teichrand aus großen Holzbohlen (zum Beispiel Lärchenholz), auf denen man sitzen kann. Eisenbahnschwellen eignen sich aufgrund der Verunreinigungen weniger. Die Folienabdichtung eines Teichs läßt sich dann an diesen Kanthölzern hochziehen. Wenn das oberste hoch genug liegt, darf man die Folie auch dazwischen durchführen. Oder man gräbt eine Randbefestigung aus Rundhölzern ein, an denen ebenfalls die Folie befestigt werden kann. Dahinter darf dann der eigentliche Terrassenbelag beginnen.
Wer nur Platz hat für eine kleine Wasserfläche, der kann zum Kunststoff-Fertigteich greifen. Die Terrassenplatten läßt man, stabil aufliegend, knapp über dessen oberen Rand stehen.

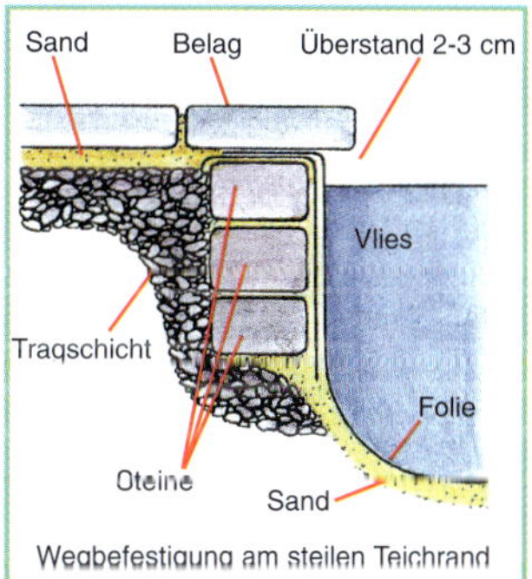

Am steilen Teichrand muß der Belag besonders gut befestigt sein

Einfache Lösungen in Wiese oder Nutzgarten

Selbst wenn die Wege im Garten in einheitlichem Material gehalten sind, kann man die Abzweigung zum Nutzgarten oder gar die Pfade zwischen den Beeten abweichend gestalten und damit als eigenen Bereich kennzeichnen. Dazu genügt unter Umständen ein anderes Muster. Stufen sind hier aus Rücksicht auf den Einsatz der Schubkarre zu unterlassen.
Zwischen den Beeten genügen oft schmale Trittwege von Fußbreite, um Pflege- und Erntearbeiten bei jeder Witterung trockenen Fußes erledigen zu können. Auch solche Wege sollten auf eine zumindest 4 bis 5 cm starke, durchlässige Schicht aus Splitt und Sand gebettet werden. Dann kann das Wasser darunter ablaufen, und der Belag kann bei einseitiger Belastung auf nassem Boden nicht gleich kippen. Der Boden muß hier also (4 cm + Materialstärke tief) möglichst waagerecht ausgehoben und festgestampft werden (siehe auch S. 30).
Gerne werden im Nutzgarten unbehandelte Bretter ab etwa 3 cm Stärke verlegt; Holzschutzmittel haben zwischen den Nahrungspflanzen nichts zu suchen. Nach drei Jahren muß man die Bretter dann meist auswechseln. Gelegentlich nachfüllen muß man auch Rindenmulch (siehe S. 56). Er sollte in eine Vertiefung gefüllt werden, damit das Material nicht in die Beete verteilt wird.
Ein Wiesenpfad aus einzelnen Trittplatten genügt für selten begangene Wege. Die archaischen Steinspuren locken den Betrachter zu scheinbar geheimnisvollen Zielen. Praktische Hinweise dazu finden Sie im Kapitel über Naturstein-Platten (S. 41).

Im Nutzgarten genügen einfache hölzerne Trittroste.

Wie überwindet man Gefälle?

Ein leichtes Gefälle innerhalb der Pflasterflächen wird bewußt angestrebt, wie wir noch hören werden (siehe S. 24). Daher schadet es auch grundsätzlich nicht, wenn das Gelände natürlicherweise eine gewisse Neigung aufweist. Wenn es die Planungen behindert oder das Wasser in unerwünschter Weise zu den Gebäuden hinleitet, muß eventuell Boden abgetragen werden. An einem Hang jedoch muß man mit den gegebenen Umständen fertig werden. Geneigte Flächen begehbar zu machen und verschiedene Höhenniveaus miteinander zu verbinden, das ist die Kernfunktion von Stufen. Bei mehr als 15 Prozent Gefälle (= 15 cm Steigung pro Meter) muß man sie auf jeden Fall ins Spiel bringen, bei glatten Belägen schon ab 7 Prozent. Die Treppe sollte mit dem Wegbelag korrespondieren, wenn nicht gleich aus demselben Material bestehen. Nebenbei haben Treppen auch eine wichtige gestalterische Funktion. Farbe und Material,

Treppen sind gestalterisches Element. Ab 15 Prozent Gefälle ist ihr Einbau unumgänglich.

strenge oder natürliche Eingebundenheit in die Umgebung sowie das Licht- und Schattenspiel machen die Treppe zum Blickfang eines Gartens am Hang.
Eine Treppe anzulegen, bedeutet viel Arbeit (siehe S. 59). Es steht eine Vielzahl von Gestaltungsmöglichkeiten zur Verfügung. Um die richtige Wahl zu treffen und fachgerecht zu bauen, empfiehlt es sich häufig, Fachleute hinzuzuziehen.

Planung und Vorbereitung

Einen Plan zeichnen

Bevor man sich an die Arbeit macht, ist ein sorgfältiger maßstabsgerechter Plan anzufertigen. Dies geschieht möglichst exakt mit Hilfe eines Maßbands. Vor der Einfügung des neuen Wegverlaufs oder der Terrassengröße müssen die vorhandenen Grundstrukturen eingezeichnet werden:
Grundstücksgrenze, vorhandene Gebäude (Haus, Garage) und andere Baulichkeiten (Garten- oder Gerätehäuschen, Kompostplatz ...) sowie Bäume und Sträucher, die erhalten bleiben. Nach Möglichkeit sind auch unterirdische Leitungen einzutragen. Sogar Erscheinungen, die außerhalb des Gartens lokalisiert sind, lassen sich berücksichtigen, indem man zum Beispiel einen schönen Ausblick markiert.
Auf den Plan werden die Maße im Verhältnis 1:100 oder besser 1:50 übertragen. Das bedeutet bei letzterem Maßstab, daß 1 m im Garten auf dem Plan als (100 cm : 50 =) 2 cm erscheint.

Mit Geschick und Phantasie lassen sich kleine Erlebnislandschaften gestalten.

TIP!

Auch Gefälle messen und eintragen.

Etwas schwieriger ist es für den Laien, etwaige Höhenunterschiede einzutragen. Die verschiedenen Niveaus können durch gestrichelte oder farblich markierte Linien gekennzeichnet werden. Das für den Wasserablauf vorgesehene leichte Gefälle sollte ebenfalls im Plan auftauchen. Die Berechnung des Gefälles geschieht in Zweitelstallen durch Spannen von Schnüren mittels der Wasserwaage und Berechnung der Höhendifferenz pro Entfernung (siehe S. 28). An einem steilen Hang wird man die Vermessung einem Fachmann überlassen. In der Regel sollte das Haus die höchste Erhebung in der näheren Umgebung sein, damit es nicht überschwemmt wird. Stellt sich heraus, daß das Gefälle zum Haus hin verläuft, dann muß man zumindest eine Stufe vorsehen, die das Wasser aufhält. Am besten sollte das Gelände geebnet werden.

Diese Vorgehensweise erleichtert die weitere Gliederung des Gartens. Durch die Wegführung werden verschiedene Orte verknüpft und gleichzeitig Bereiche abgetrennt. Terrassen und andere Sitzplätze markieren die Ruhepunkte. Auch die Garagenzufahrt gehorcht in erster Linie funktionalen Gesetzen. Anhand des Plans kann man versuchen, die Auswirkungen der Neuanlagen auf die gesamte Gartengestaltung abzulesen.

Von Mauern sollte die Wegführung etwa 20 bis 30 cm Abstand halten.

Im übrigen lassen sich aus diesem Überblick die Maße der zu belegenden Flächen errechnen. Und daraus ergibt sich nicht zuletzt auch der finanzielle Aufwand, der für Material und eventuelle Arbeiten zu leisten ist. Hat man sich für Wegführung, Belag, Einfassung und Muster entschieden, dann können die Kosten schon ziemlich konkret veranschlagt werden. Mit solch fertigen Unterlagen kann man sich bei einem Gartengestalter bzw. Landschaftsbau-Betrieb auch ein Angebot machen lassen.

Wer hier nach Hause kommt, nimmt den Schwung seines Eingangsweges mit.

Das geeignete Material

Entscheidend für die Materialauswahl sind Nutzung, Ästhetik, Maße und Verarbeitbarkeit sowie nicht zuletzt der Geldbeutel. Zu verschiedenen Nutzungsbereichen und ästhetischen Gesichtspunkten wurde bereits im Kapitel über die „Gestaltungsprinzipien" ausgiebig Stellung genommen. Eine Versiegelung mit Asphalt oder Beton ist für eine gesicherte Fortbewegung im Garten nicht notwendig. Schon aus Größe und Form der Fläche lassen sich Schlüsse auf die geeigneten Beläge und Muster ziehen. Große Naturstein- oder Betonplatten verwendet man bevorzugt für breite Wege oder große Flächen. Aus den Formaten ergibt sich umgekehrt die Breite des Weges. Ein häufiges Maß ist 120 bis 125 cm: (6 x) 20 und (4 x) 30 cm breite Plattenquadrate sowie (5 x) 24 cm breite Klinker führen zu dieser Zahl, wenn man die Fugen (etwa je 0,5 cm) in der Rechnung berücksichtigt. Natürlich muß auch in der Länge jeweils etwa 0,5 cm Fuge hinzugezählt werden, wenn man die Zahl der Steinreihen berechnen will. Kleine Steinarten lassen sich mit weniger Kraftaufwand verlegen, erfordern aber mehr Erfahrung. Steine oder Platten sind in niederschlagsreichen Gegenden gegenüber Kies zu bevorzugen. Für alle Materialien gilt in unserem Klima, daß sie frostbeständig sein müssen.

Sobald die Auswahl durch solch sachliche Kriterien eingeengt ist, kann man geschmackliche und finanzielle Gesichtspunkte anlegen.

Es gibt graue und bunte Wegeplatten, Verbundsteine, regelmäßig und unregelmäßig geschnittene Natursteine, kleine und große Pflaster. Es gibt legere Kieswege mit Buchseinfassung und natürlich wirkende Beläge aus Rundhölzern, Holzbalken oder gar duftendem Rindenmulch.

Einzelne Natursteinplatten (l.o.) lassen sich geschickt mit Pflanzen kombinieren. Klinker und Betonplatten (l.u.) erzeugen strenge Formen. Mit Kleinpflaster (o.) können fast beliebige Formen und Muster gelegt werden.

Billig ist nicht immer preiswert

Erkundigen Sie sich über die Quadratmeterpreise der in Frage kommenden Materialien, um die Grössenordnung ermessen zu können, die Sie ausgeben bzw. einsparen können. Auch das Verlegemuster wird dabei eine Rolle spielen.
Die meisten Anregungen erhält man bei Spezialfirmen für (Garten-) Baustoffe oder in Naturstein-Handlungen. Nicht selten können hier auch Musterbeläge besichtigt werden. Klinker werden in Ziegeleien hergestellt.
Im Gartencenter oder Baumarkt ist die Auswahl oft nicht groß.
Es läßt sich leicht feststellen, daß Steine aus der Umgebung am günstigsten sind, weil bei solch schweren Materialien die Transportkosten stark ins Gewicht fallen. Hinzu kommt, daß diese Beläge meist auch zum regionalen Charakter passen.
Beispielsweise läßt sich feststellen, daß in Norddeutschland Klinker das Übergewicht besitzt, während im südlichen Teil mehr Natursteine

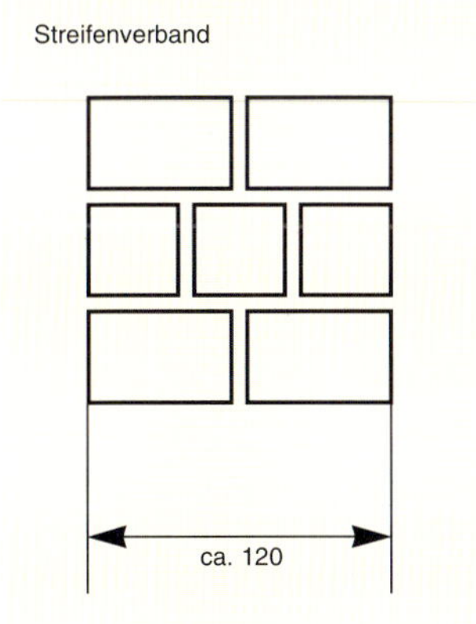

verwendet werden.
Billiger sind alle künstlich gefertigten Betonsteine. Aber sie wirken auch meist etwas technisch und steif.
Natürlicher und noch preiswerter ist ein Kiesweg.
Ein günstiger Preis sagt jedoch nichts aus über Wert und Dauerhaftigkeit eines Materials. Natur-Pflastersteine und Klinker bilden über Generationen einen ansehnlichen Belag und sind auch noch etwas Wert, wenn man den Weg auflöst und sie erneut verlegt. Diese Steine nützen sich nicht ab, mit dem Alter gewinnen sie sogar an Charakter. Ganz zu schweigen von der gestalterischen Qualität eines guten Belags, der auf das gesamte Grundstück ausstrahlt.
Es lohnt sich oft, zu überprüfen, ob alte Materialien wiederverwendet werden können. Das gilt nicht nur für die genannten Natur- und Klinkersteine. Sogar ein Teil der Betonplatten kann auf Nebenwegen oder als Gestaltungselement in einem Muster wieder eingesetzt werden.

Runde Formen sind auch mit Betonformsteinen keine Kunst.

Die Unterkonstruktion

Die Unterkonstruktion des Belags ist nicht sichtbar und doch eine entscheidende Grundlage für einen dauerhaft funktionierenden und gut aussehenden Weg.
Sie besteht in der Regel aus wasserdurchlässigen Schichten. Dadurch wird verhindert, daß sich unter der Wegdecke Wasser sammelt und bei Frost den Belag aufwirft.
Sandige Böden sind für solche Probleme von vornherein weniger anfällig als schwere, schluffige und tonige Böden, die sehr viel Wasser speichern oder gar stauen.
Auf reinem Kiesboden wäre eine Unterkonstruktion überflüssig.
Als erstes muß ein Bett ausgehoben oder – wie der Fachmann sagt – „ausgekoffert" werden. Das genaue Maß hängt von der Bodenart, von der Nutzung des Weges wie auch von der Materialwahl ab, weil die Höhe des Steins zu berücksichtigen ist (siehe S. 42).
Nach den Seiten wird etwa 10 cm über die Wegbreite hinausgearbeitet, um auch die Kanten zu stabilisieren.
Nachdem der ausgehobene Untergrund festgestampft wurde, kommt darüber die sogenannte Tragschicht aus grobem, wasserdurchlässigem Material, am besten Schotter oder Rundkies der Körnung 0/32 bis 0/50. Im norddeutschen Raum wird oft mangels Kies schon Sand verwendet. Zur Not kann man auch mit Ziegelbruch, Bauschutt oder Schlacke improvisieren. Besonders große Brocken sind gegebenenfalls zu zerkleinern.
Die Schichtstärke variiert je nach Nutzung und Boden: Ein Fußweg auf sandigem Boden braucht unter Umständen gar keine Tragschicht, während eine Einfahrt auf undurchlässigem Boden bis zu 40 cm vertragen kann.
Eine Garantie für Frostsicherheit hat man nur mit Frostschutzkies. Er wurde von allen humosen und tonigen Verunreinigungen gereinigt. Denn diese Erdbrocken können Wasser speichern. Fast ebenso zuverlässig, aber billiger ist Gruben- oder Wandkies mit seinen vielen verschiedenen Körnungen. Eine solche Schicht wird noch vor der Tragschicht direkt auf den verdichteten Untergrund ausgebracht.
Bei einer Garageneinfahrt kann man die Grube zuunterst mit einer zusätzlichen Packschicht aus schweren Steinen auslegen. Auf sehr lehmigen oder nassen und weichen Böden empfiehlt es sich, zuvor noch ein Vlies unterzulegen, damit sich der weiche Unterboden auch nach Einlegen der Packlage nicht nach oben arbeiten kann. An den Anschlußstellen sollte das Vlies jeweils etwa 50 cm überlappen.

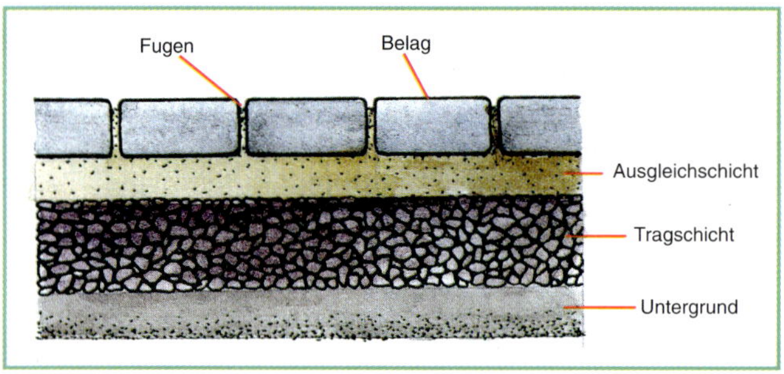

Während Sand und Kies auf natürlichem Weg entstehen und nur sortiert werden müssen, sind Splitt und Schotter künstlich gebrochene Steine.

Darüber wird die Ausgleichschicht aufgebracht: 3 bis 5 cm hoch Sand oder Splitt in der Stärke 3/8. Wenn man dies feinere Material mit Wasser in die Zwischenräume einspült, wird die untere Lage stabilisiert. Die Ausgleichschicht dient nach dem Verdichten als Bettung für den Belag. Mörtel eignet sich in der Regel nicht, weil die Fugen „arbeiten“. Eine Mörtelbettung ist bestenfalls in überdachten Bereichen zu empfehlen.

Damit die Unterkonstruktion nicht im Laufe der Zeit zusammensackt und dadurch der Weg instabil wird, muß man die verschiedenen Schichten verdichten (siehe S. 30). Dabei sollte immer wieder mit Richtlatte und Wasserwaage überprüft werden, ob die Oberfläche eben ist bzw. dem vorgesehenen Gefälle entspricht (siehe S. 24). Wenn die gewünschten Höhen erreicht sind, ist die Feinplanie beendet. Schüttgüter sowie Kalk und Zement können beim Baustoffhandel bezogen werden. Wegen Kies oder Sand geht man nach Möglichkeit gleich zum Kieswerk, weil dort eine Handelsstufe ausgespart wird. Meist empfiehlt es sich, die Materialien antransportieren zu lassen: 1 m³ wiegt zwischen eineinhalb und zwei Tonnen!

Grober Schotter oder Kies bildet die wasserdurchlässige Schicht.

Probleme bei Neubauten

TIP! *Bei Neubauten sieht man gelegentlich, daß direkt ans Haus angrenzende Terrassen mit der Zeit absacken. Das liegt an der ungenügenden Verdichtung in unmittelbarer Hausnähe – es handelt sich schließlich um eine etwa 2 m hohe Füllung. Deshalb empfiehlt es sich, schon während der Hausbauphase Schüttgut einzubringen und lagenweise zu verdichten.*

Der Mengenbedarf an Füllmaterial läßt sich errechnen aus der Fläche mal der Stärke der Schicht, z.B. 8 m² x 0,25 m = 2 m³. Zusätzlich sind nochmals 10 Prozent hinzuzurechnen, die beim Verdichten verlorengehen.

So läuft Wasser sicher ab

Für befestigte Gartenflächen sind Kanalanschlüsse in der Regel nicht erforderlich. Ein kleiner Teil der Niederschläge versickert in den Fugen. Meist genügt es, das übrige Wasser durch ein leichtes Gefälle in die umgebenden Pflanzbeete abzuleiten. Dadurch wird außerdem die natürliche Bewässerung der Pflanzen verbessert.

Zur Ableitung des Wassers peilt man ein Gefälle von etwa 2 Prozent an, das sind 2 cm pro Meter mindestens zu einer Seite des Wegs; bei Belägen mit sehr rauhen Oberflächen dürfen es auch 3 Prozent sein. Breitere Wege können nach beiden Seiten hin abfallen wie ein Dach. Längsgefälle werden meist durch den Geländeverlauf vorgegeben. Bei starkem Gefälle ist ein Seitengefälle besonders wichtig, damit das Wasser den kürzesten Weg ins Erdreich nimmt und nicht sturzbachartig den Weg entlang läuft. Dadurch könnten die Fugen ausgespült werden. Künstliche Längsgefälle sollten in der Regel nicht ins Auge fallen.
Auf besonders schweren Böden sind stärkere Sicherungsmaßnahmen vorzusehen als auf durchlässigem Untergrund. Wenn der Weg gegenüber dem anschließenden Gelände etwas überhöht angelegt ist, kann das Wasser besser abfließen als umgekehrt.

Das Fallrohr bietet die Möglichkeit zum Anschluß an die Kanalisation.

Allerdings ist das aus optischen Gründen nicht erstrebenswert.

Auffanggefäße einbauen

Besonders wichtig ist es, das Wasser vom Haus und anderen Gebäuden wegzuleiten. Wenn das aufgrund des Geländes nicht möglich ist, muß man das Gefälle so anlegen, daß die Niederschläge in ausreichender Entfernung vom Haus in einer Rinne oder einem Gully aufgefangen werden. Auch bei größeren Flächen können die Wassermengen manchmal nicht ins Erdreich abgeleitet werden.
Ein Gully muß nicht zwangsläufig am Rande einer befestigten Fläche liegen, sondern kann zum Beispiel in einem schalenförmig abgesenktem Zentrum das Wasser aufnehmen. Bei einseitigem Gefälle ist eine Rinne zu bevorzugen. Der Nachteil einer Rinne wird manchem in den Ohren klingen: Sie signalisiert durch aufdringliches Klappern, wenn ein Fahrzeug angekommen ist. Diesbezüglich ist der Gully vorzuziehen.

Damit das Wasser sicher sickert: *Wenn die Niederschläge auf besonders schweren Böden nicht abfließen, kann man die Sammelbehälter an das Fallrohr der Dachrinnenentwässerung anschließen. Wo genügend Kies vorhanden ist, kann man aus übereinander gelagerten Betonringen einen Sickerschacht anbieten. Nicht zuletzt sei an die Möglichkeit erinnert, das abfließende Niederschlagswasser in einer Zisterne aufzufangen und mittels einer Pumpe als Gießwasser verfügbar zu machen.*

Gullys, Entwässerungsrinnen und andere Schachtabdeckungen sind möglichst geschickt zu integrieren. Es ist gestalterisch reizvoll und arbeitstechnisch äußerst praktisch, solche Elemente mit kleineren Pflastersteinen zu umrahmen. Gearbeitet wird immer vom tiefsten Punkt aus. Das ist natürlich der Gully oder die Rinne, in die das Wasser abfließen soll. Erst ganz am Schluß wird gepflastert.
Die umschließenden Teile des Behälters bestehen aus Beton und sollten auf einem 10 cm starken Betonfundament plaziert werden, damit sie nicht absinken. Andererseits ist darauf zu achten, daß auch die Umgebung nicht im Laufe der Zeit absinkt, so daß am Schluß der Gullyabfluß höher wäre als die gepflasterte Fläche. Deshalb ist hier besonders auf gute Verdichtung zu achten. Rinnen mit gußeiserner Abdeckung gibt es in 50 und 100 cm Länge, teilweise ist bereits ein Gefälle eingebaut. Oft

Um das Wasser in einer Rinne aufzufangen, genügt ein einseitiges Gefälle.

genügt ein Gitterrost als Abdeckung. Recht hübsch lassen sich auch flach halbrunde, offene Rinnen in die Pflasterung integrieren.

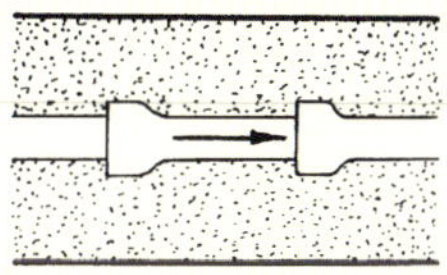

Verlegen von Entwässerungsleitungen

Wo ein Anschluß an die Kanalisation unumgänglich ist, zum Beispiel an Tiefpunkten im Gelände oder auf Tonböden, muß dies rechtzeitig bedacht werden. Umfangreiche Entwässerungen mit Kanalanschluß sollte man von Fachleuten durchführen lassen.

Der Wegrand

Nicht nur die Gefahr des Abrutschens spricht dafür, daß man den Wegrand befestigt und mit besonderen Randsteinen versieht. Solche Einfassungen geben der Wegkonstruktion oder Terrassenfläche optischen Halt und lockern die Struktur

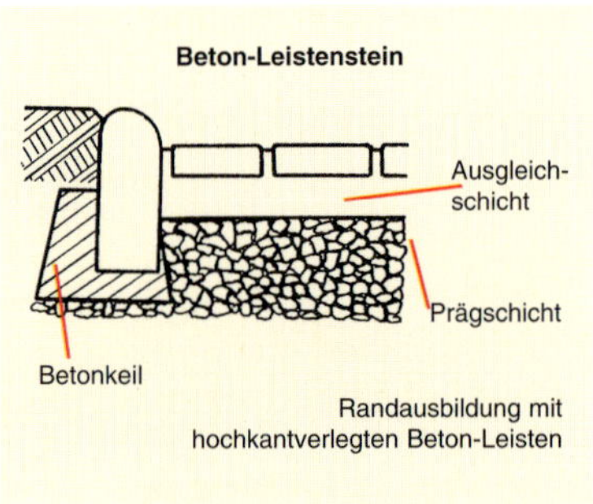

ansonsten eintöniger Belagsmuster auf. Allerdings können sie auch etwas streng wirken, weil sie keinen locker verspielten Wegrand zulassen. Naturstein-Platten zum Beispiel werden deshalb in der Regel nicht umrahmt. Auch andere Platten lassen sich am Rand stufig mit der benachbarten Fläche verzahnen. Besonders lebendig wirken von Pflanzen überwallte Ränder.

Verzahnte Ränder lassen eine kleine Fläche größer erscheinen. Bei großen Plätzen in größeren Gärten sind in der Regel ruhige, klarere Linien gefragt.

Einfassungen bestehen nicht immer aus denselben Materialien wie der Belag. Wassergebundene Kieswege rahmt man meist mit großen Pflastersteinen ein. Beton-Leistensteine oder Beeteinfassungen als Abschluß sind relativ billig und verursachen wenig Aufwand – sind aber auch vom Charakter mehr praktisch als charmant. Große Betonplatten oder Pflaster werden gerne mit zwei (bei breiteren Flächen drei) Reihen kleinen Pflaster umfaßt, eventuell auch mit einer Reihe Großpflaster. Kleinpflaster kann ebenso mit Kleinpflaster umrahmt werden – hauptsache, die Farben oder Muster unterscheiden sich deut-

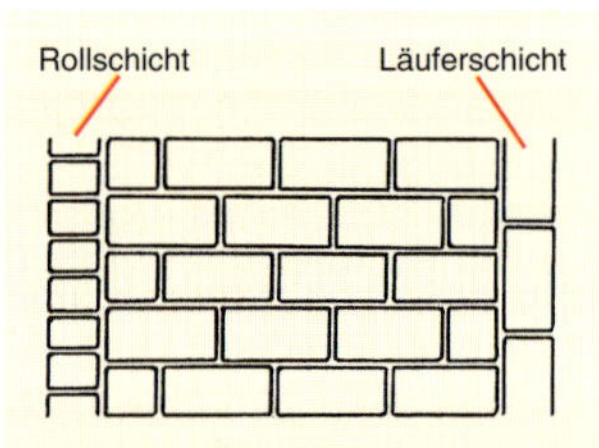

Ein Kiesweg wird gerne mit Großsteinpflastersteinen eingefaßt.

lich. Solch eine Einfassung kann die Wasser-Abführung übernehmen. Ebenerdige, bündige Einfassungen sind insbesondere am Rand von Rasenflächen zu bevorzugen, um das Mähen zu erleichtern. Blumenbeete hingegen können mit einer erhöhten Umrahmung abgegrenzt werden. Manchmal sind auch die Beete selbst durch ein stufenartiges Mäuerchen erhaben.

Kleinteilige Randeinfassungen können komplett in ein 5 bis 10 cm starkes Mörtelbett verlegt werden. Dazu mischt man feinkörnigen Betonkies 0/8 bis 0/16 oder Sand im Verhältnis 4:1 mit Zement. Der Mörtel muß relativ trocken sein, um den Steinen genügend Halt zu bieten. Er wird etwas überhöht aufgetragen, die Steine klopft man dann mit dem Gummihammer auf die endgültige Höhe. Innen und außen sollte der Mörtel auf zwei Drittel der Steinhöhe hochgezogen werden. Nach innen darf er nicht den Belag behindern.

Einfassungen setzt man vor dem Wegbelag. Dazu müssen natürlich die Breite mitsamt den Fugen sowie das Gefälle möglichst genau berechnet sein. Um den Wasserabfluß sicherzustellen, sollte der Rand eher 1 cm tiefer liegen als der Belag. Fugen werden so vorgesehen, wie es dem Material auch bei Wegen entspricht. Kreuzfugen sind in der Einfassung zu vermeiden.
Wie oben erwähnt, soll der Untergrund 10 cm breiter ausgehoben und mit einer Tragschicht versehen werden.
Manche Ränder brauchen eine tiefere Aushebung als der Belag.
Als zusätzlichen Halt können die Randsteine eine sogenannte „Rückenstütze" erhalten. Das heißt, man legt einen Betonkeil unter:
Nachdem der Beton entlang des äußeren Rands verteilt wurde, wird er mit der Kelle bis knapp unter der Steinoberfläche angedrückt und nach oben abgeflacht. Erst wenn er etwas angetrocknet ist, darf verdichtet werden.

Die Begrenzung mit Blumen ist vorbildlich, der Unterbau nicht.

Eine preisgünstige und phantasievolle Lösung: kopfüber eingegrabene Flaschen.

Abmessen und abstecken

Vor Beginn der Arbeit werden die Wegränder nach Maßgabe des Plans abgesteckt. In einem ersten Schritt kann man sie mit Steinchen, Sand oder Schnüren auslegen und noch einmal überprüfen. Zum „professionellen" Abstecken werden Eisenstangen oder auch angespitzte Holzpflöcke mit einem Fäustel eingeschlagen, und zwar möglichst senkrecht und knapp neben der eigentlich zu bearbeitenden Fläche – damit sie nicht im Weg umgehen. Bei

Kreisformen lassen sich leicht abstecken, indem man einen Pflock in das Zentrum steckt und eine Schnur daran befestigt, die genau dem Radius des gewünschten Kreises entspricht. Mit einem angespitzten Pflock am anderen Ende der Schnur kann die Form im Untergrund eingeritzt werden.

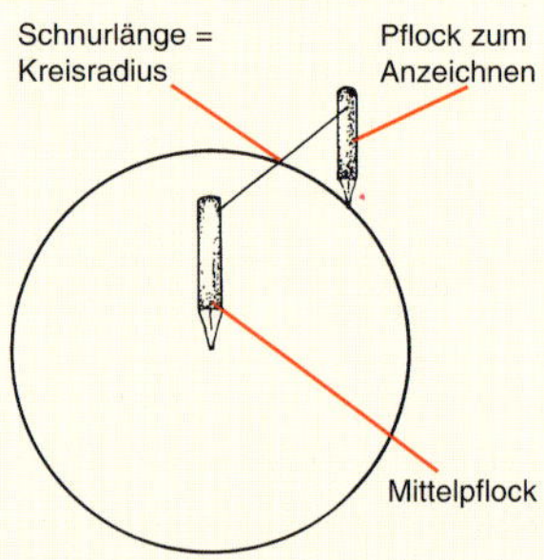

geraden Wegen genügen Abstände von 5 bis 6 m, damit die Schnur nicht durchhängt. Runde Formen werden in kurzen Abständen, etwa jeden Meter, markiert. 90-Grad-Winkel können einfach mit dem Rechten Winkel überprüft werden.
Nicht nur der Verlauf des Weges, also die Außenmaße sind entscheidend für die Baumaßnahmen, sondern auch seine Höhe und letztlich sogar das Muster. Deshalb wird die Randmarkierung mit Schnüren verbunden, welche den Höhenverlauf

Wegrand und Höhenverlauf werden mit Schnüren markiert.

des künftigen Wegbelags abbilden.
Die Ausgangsmessung für die Höhe erfolgt am höchsten Punkt. Auf einem ebenen Grundstück ist das häufig ein Hauseingang, von dem das Wasser wegfließen soll. Von Türschwelle, Garagentor oder Lichtschacht ausgehend, wird dann der Belag mindestens 1 bis 2 cm tiefer geplant. Direkt an dieser Stelle wird eine Stange eingeschlagen und in entsprechender Höhe die Schnur festgebunden. Mit Hilfe der Wasserwaage und einer Ölkreide kann man nun an den nächsten Stangen jeweils dieselbe Höhe markieren. Wenn man nun die Wegstrecke dazwischen mißt und das gewünschte Gefälle berechnet (siehe S. 24), erhält man die tatsächliche Höhe des geplanten

Harmonisch geschwungene Formen sind zu erreichen, indem man einen Gartenschlauch auslegt, der durch seine innere Spannung nicht beliebige Krümmungen, sondern vollendete Rundungen produziert.

Weges, die neuerdings durch die Schnur gekennzeichnet wird. Es ist darauf zu achten, daß sie gut gespannt bleibt. Wer

Zum Messen an unzugänglichen Stellen nimmt man Richtlatten zu Hilfe.

ein Nivelliergerät hat und damit umgehen kann, tut sich leichter bei der Höhenmarkierung. Auch mit einer Schlauchwaage geht es.
An Stellen, wo der neue Belag mit einem älteren zusammenstößt, sollte man eher einen halben Zentimeter höher planen. Denn der neue Belag kann sich mit der Zeit noch ein wenig setzen.
Das Muster muß erst gekennzeichnet werden, wenn Trag- und Ausgleichschicht ausgebracht sind.

Ausheben und planieren

Die Tiefe des Aushubs (in Relation zur Höhe des Wegs) ergibt sich also aus der Höhe der Tragschicht, die von Boden und Nutzung abhängt, plus Ausgleichschicht plus Höhe des Belags, minus 2 cm, die bei der Verdichtung des Untergrunds gleich wieder hinzugewonnen werden.
Dabei ist auch immer das Gefälle mit einzubeziehen. Links und rechts des Weges wird jeweils 10 cm über den geplanten Rand ausgekoffert.
Störende Pflanzungen sind rechtzeitig zu roden. Bäume oder Sträucher können mit ihrem Wurzelstock erheblichen Aufwand verursachen.
Bei größeren Flächen empfiehlt es sich, für den Erdaushub einen Kleinbagger zu Hilfe zu nehmen. Aber Achtung: Bei feuchten Verhältnissen kann der Untergund dabei zu stark verdichten! Auch der Antransport des Belags durch schwere Fahrzeuge kann zu solchen Schäden führen, die später den Pflanzen eine Durchwurzelung des Erdreichs erschweren.

Der oberste Mutterboden ist möglichst pfleglich zu behandeln und getrennt zu lagern, weil er die Schicht darstellt, in dem die Pflanzen gedeihen.

Um die Schicht gleichmäßig abzuziehen, kann man Rohre unterlegen.

Kleine Unebenheiten von plusminus 2 cm stören nicht beim Untergrund. Größere Geländeunebenheiten müssen bei Bedarf durch Abfuhr bzw. Auffüllen ausgeglichen werden. Denn im günstigsten Fall sind die befestigten mit den umgebenden Flächen bündig.

Gut gestampft ist halb gebaut

Untergrund und Tragschicht müssen immer sorgfältig verdichtet werden, damit sich der Boden im Laufe der Zeit möglichst wenig senkt. Zu diesem Zeitpunkt darf er nicht zu wässrig sein. Gartenprofis verwenden dazu sogenannte Rüttelplatten – schwere Motorgeräte, die durch Vibration den Untergrund zusammenstampfen. Für Gehwege im Garten genügt auch ein Handstampfer, eine etwa buchgroße Eisenplatte mit langem Stiel, so daß man die Schichten im Stehen festklopfen kann. Während der grobkörnige Rundkies (0/32) beim Verdichten etwa 2 cm zusammensinkt und entsprechend höher aufgetragen werden darf, gibt Splitt (Körnung 2/5) kaum mehr nach und sollte möglichst genau nach Bedarf eingeschüttet werden. Die Ausgleichschicht wird sowieso erst zusammen mit dem Belag verdichtet.

Abziehen der Trag- und Aufbauschicht

Für Platten und Formsteine sollte der Untergrund vor dem Verlegen perfekt geebnet sein – zuerst die Tragschicht, dann der Sand. Dazu wird links und rechts des Weges je ein Rohr (3/4 Zoll) oder etwas ähnlich geradliniges ausgelegt. Bei der Tragschicht geschieht dies 1 cm über der gewünschten Höhe der jeweiligen Schicht, denn anschließend wird noch verdichtet. Eine ebenfalls gerade Richtlatte wird beiderseits aufgelegt und über die großzügig aufgefüllte Schicht „abgezogen“. Das überschüssige Material zieht man dabei vor sich her, Lücken müssen umgehend nochmals aufgefüllt werden. Nach dem Abziehen nimmt man die Rohre heraus und füllt die entstandenen Rillen rechtzeitig vor dem Verlegen.

Werkzeug und Hilfsmittel

Im Prinzip kann man beim Pflastern mit relativ wenig speziellen Werkzeugen auskommen. Wenn man sich zur Anschaffung des einen oder anderen Geräts entscheidet, lohnt es sich meistens, nicht nur auf den Preis, sondern auf die Qualität zu achten.

Zum Vermessen und Markieren:
Maßband oder Meterstab, Rechter Winkel, Richtlatte (mind. 2 m, völlig gerade), Schnur, Pflöcke oder Eisenstangen, Fäustel, Ölkreide, Wasser- oder Schlauchwaage oder Nivelliergerät.

Für Erdarbeiten:
Schaufel/Spaten, Spitzhacke, Rechen, Schubkarre, evtl. Minibagger.

Zum Verlegen:
Rüttelstampfer/-platte oder Handstampfer, Kelle, Steinsäge oder Winkelschleifer („Flex“), Gummihammer, Besen, evtl. Knieschoner.

Größere Maschinen wie Minibagger, Rüttelplatte, Steinsäge, auch Nivelliergerät oder Betonmischer können beim Baumaschinen- oder Geräteverleih gemietet werden – sofern sinnvoll sogar mitsamt Bedienungspersonal. Damit lassen sich gezielt Einzelleistungen anfordern, die man nicht ohne Hilfe selbst ausführen könnte.

Praxis: Wege anlegen

Natursteinpflaster wird rückwärts verlegt, also von der Ausgleichschicht aus.

Grundlagen für richtiges Arbeiten

- Der Untergrund muß einheitlich eben sein. Auch die geometrischen Prinzipien eines Musters sollten deutlich erkennbar sein. Deshalb empfiehlt es sich, Regeln und Tips für die regelmäßige Verlegung gewissenhaft einzuhalten.
- Solange frostige Temperaturen herrschen, kann man keine Verlegungsarbeiten durchführen.
- Die Arbeit wird am Haus oder anderen wichtigen Plätzen begonnen. Von da aus geht es zu den Randbereichen.
- Während man beim Kleinpflaster rückwärts arbeiten muß, kann bei Platten und vor allem Verbundsteinen vorwärts gearbeitet werden. Vorwärts heißt: Der Verlegende bewegt sich auf dem bereits fertigen Belag, um nicht die gleichmäßig geebnete Aufbauschicht zu zerstören. Beim Pflastern dagegen kniet er in der Splitt- bzw. Sandschicht.
- Es empfiehlt sich, immer aus mehreren verschiedenen Belagslieferungen gleichzeitig zu arbeiten. Dadurch werden uneinheitliche Färbungen gleichmäßig auf der Fläche verteilt und führen nicht zu ungeplanten optischen Einschnitten.
- Mangels Erfahrung sollte man den frisch verlegten Belag jeweils aus verschiedenen Perspektiven betrachten und nach etwa drei Reihen wieder mit der Wasserwaage überprüfen.
- Wenn man die Belagsart wechseln will, so sollte man den Übergang am besten bei Richtungsänderungen oder an Kreuzungen einbauen.
- Unregelmäßige Lücken nie mit Bruchsteinen füllen! Das sieht in den seltensten Fällen gelungen aus und gefährdet die Stabilität. Stattdessen müssen Steine auf entsprechende Größe zurecht geschnitten werden.
- Runde und geschwungene Formen sind bei allen Steinbelägen wesentlich schwieriger zu verlegen als gerade Linien. Im Zweifelsfall überläßt man solche

Bereiche dem Fachmann. Die Schwierigkeitsgrade beim Verlegen der verschiedenen Belage und Muster sind mit den Ziffern 1 (einfach), 2 (mittelschwer) und 3 (schwierig) gekennzeichnet.

- In der Regel werden die Beläge zum Abschluß nochmals abgerüttelt oder angeklopft. Dabei ist zum Beispiel durch Verwendung einer Gummimatte darauf zu achten, daß die Steine nicht beschädigt werden. Bei großen Flächen sollte von den Rändern zur Mitte hin gearbeitet werden. Die meisten Formsteine werden palettenweise geliefert. Beim Händler können alle Zahlen und Maße erfragt werden, um den Mengenbedarf richtig zu berechnen. Dabei spielt auch die Verbandsart eine Rolle, zum Beispiel ob man spezielle Randsteine braucht oder nicht. Es empfiehlt sich daher in jedem Fall, lieber etwas zuviel zu bestellen und eventuell sogar einen kleinen Vorrat anzulegen, um bei Bedarf später problemlos Ausbesserungen oder Erweiterungen vornehmen zu können.

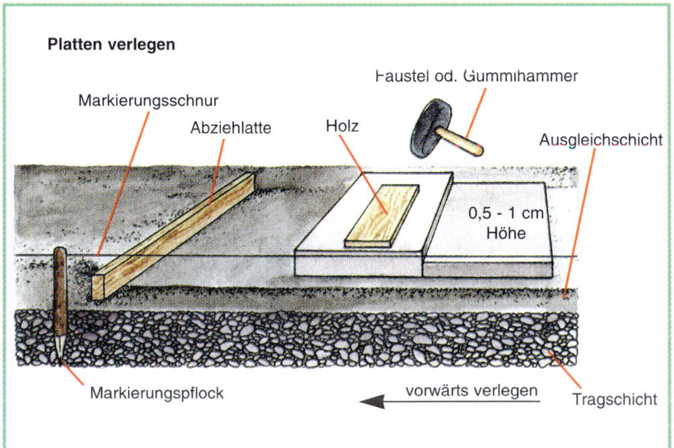

Muster für Platten und Formsteine

Mit dem Muster kann man nochmal den Charakter und die Dynamik eines Belags variieren. Bestimmte Verlegearten werden zum Teil noch bei den einzelnen Belägen vorgestellt. Grundsätzliches sei hier vorbeugend erläutert.

Von Kreuzfugen spricht man, wenn sich vier Belagssteine so berühren, daß die Fugen eine klassische „Kreuzung" bilden. Diese Verlegung erfordert besondere Sorgfalt, weil bei dem geometrischen Muster Unregelmäßigkeiten schnell ins Auge fallen.

Als Römischen Verband bezeichnet man eine gemischte Verlegung, bei der es keine Kreuzfugen gibt und eine durchge-

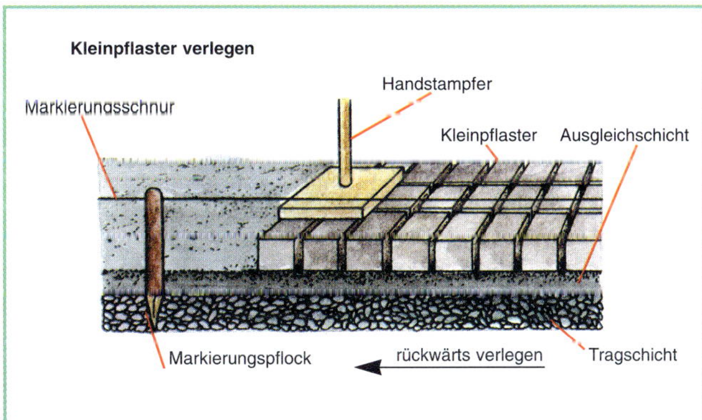

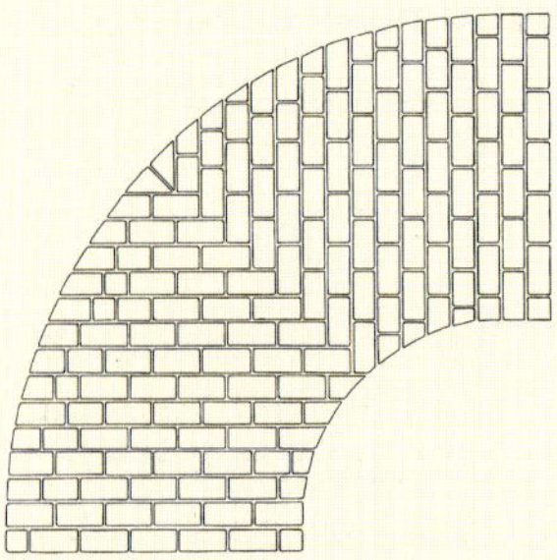

So läßt sich ein 90-Grad-Bogen bewältigen

hende Fuge möglichst nicht mehr als drei Platten berührt. Beim Streifenverband gibt es mehrere parallele Linien von Steinen in Gehrichtung. Das Schachbrettmuster ist gekennzeichnet durch zwei Farben quadratischer, abwechselnd ausgelegter Steine. Beim Fischgrät- bzw. Ellbogenmuster bilden die Steine rechtwinklige Muster. Während das letztgenannte mit dem Rand abschließt, zeigen die Winkel beim Fischgrätmuster in Gehrichtung, weshalb angeschnittene Randsteine erforderlich sind. Das Verlegen ist dadurch wesentlich aufwendiger. Runde, zentrierte Muster eignen sich hauptsächlich für Terrassen oder Hofflächen. Reihenmuster aus Pflaster- oder Betonsteinen passen zu langen, schmalen Wegen.

Die Kunst der Fuge

Fuge und Belag müssen im richtigen Verhältnis zueinander stehen. Bei den meisten Steinen und Platten sind 3 bis 5 mm ideal – je kleiner der Stein, desto schmaler die Fuge. Lediglich beim Großsteinpflaster beläßt man etwa 1 cm. Auch vermörtelte Fugen dürfen etwas größer sein.
Für Füllung der Fugen mit idealen Maßen eignet sich Quetschsand (auch „Brechsand") am besten. Bei großen Fugen zwischen 5 und 20 mm Breite sollte man zunächst Splitt der Körnung 2/5 einkehren, um anschließend mit Quetschsand einzuschwemmen und abzudecken. In die engsten Fugen mit 1 bis 2 mm paßt nur feinkörniger Quarzsand.
Wird ausschließlich mit grobem Splitt verfugt, so sammelt sich in den weiten Poren mit der Zeit viel organischer Staub an. Und dieser bietet ideale Voraussetzungen für die Ansiedlung von Wildkräutern. Wer die Fugen gezielt begrünen will, der kann etwas Humus einschwemmen.

Die Pflege im Laufe der Jahre

Die Pflege des Weges besteht neben der gelegentlichen Reinigung im Nachfüllen der Fugen und vor allem im Freihalten derselben von Bewuchs – wenn das gewünscht ist. Dies entspricht allerdings einer eher überholten Sauberkeitsvorstellung. In stark bebauten Regionen fühlt sich das Auge weniger beleidigt als beglückt, wenn es auch im Fugenmuster des Weges grüne Zeichen der Lebendigkeit entdeckt. Ein anderer Fall liegt bei Kies- oder Mulchwegen vor. Hier wird Wildwuchs meist als störend empfunden.

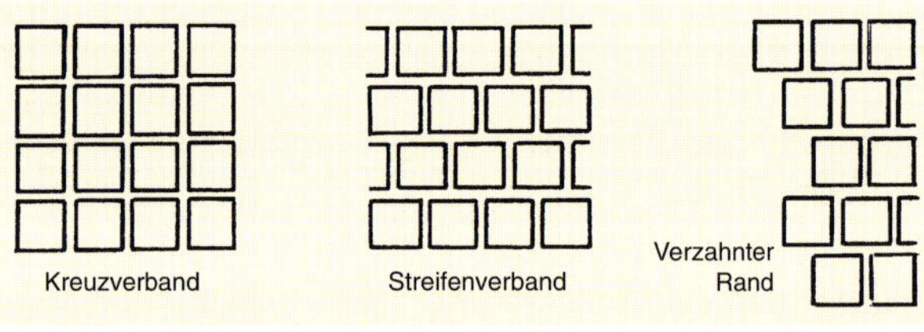

Kunststein

Rasengittersteine

Schwierigkeitsgrad 1

Das Prinzip: Industriell gefertigte Betonsteine mit eingebauten Lücken, in die man Erde füllen und Rasen einsäen kann. Dadurch ist die Fläche befestigt, kann bei entsprechendem Unterbau sogar befahren werden und wirkt doch auf den ersten Blick natürlich bewachsen. Das Wasser versickert dabei ohne Gefälle in den Lücken. Eine ähnliche Wirkung erzielt ein Schotterrasen. Es gibt verschiedene Lochmuster, die in dichtem Verband gelegt werden und in der Regel 10 bis 12 cm stark sind. Durch den Verband und die bewurzelte Füllung wird die Stabilität zusätzlich gesichert.

▪ ***Unterbau***
Für Gehwege 20 cm, für Einfahrten 35 cm Tragschicht; darüber 3-5 cm Auftrag. Aushub: 33 bzw. 40 cm tief.

▪ **Randgestaltung**
Damit der Rand vor allem bei Belastung durch Kraftfahrzeuge nicht absinkt, sollte man eine Randbefestigung vorsehen. Dazu gibt es Betonleisten in 50 oder 100 cm Länge, die man bündig oder hervorgehoben einbauen und mit einem Mörtelblock nach außen unterstützen kann.

▪ **Bedarfsberechnung und Bezug**
Je nach Form im Baustoffhandel.

▪ **Arbeitsgang**
Die Steine werden vorwärts verlegt. Anschließend füllt man die Kammern bis knapp unter der Oberfläche mit einer durchlässigen Erde-Sand-Mischung und sät ein, am besten mit Trockenrasen. Danach wird komplett aufgefüllt und in den nächsten Wochen wiederholt angegossen.

▪ **Gestaltungstip**
Am besten eignet sich ein solcher Belag zur Befestigung von Einfahrten und Besucherparkplatzen, die nicht dauerhaft genutzt werden.

Rasengittersteine sind stabil und dennoch durchlässig für Wasser und Pflanzenwuchs.

Betonformsteine

Schwierigkeitsgrad 1

Die Zahl der Muster und Farben nimmt ständig zu. Deshalb lohnt es sich, beim Baustoffhändler zur Anregung einige Prospekte mitzunehmen.
Es gibt Quadrate, Rechtecke, Sechsecke, Rundpflaster in verschiedenen Maßen, Wellen-, Tropfen-Noppen- oder Fischform und nicht zuletzt die verzahnten Verbundsteine,

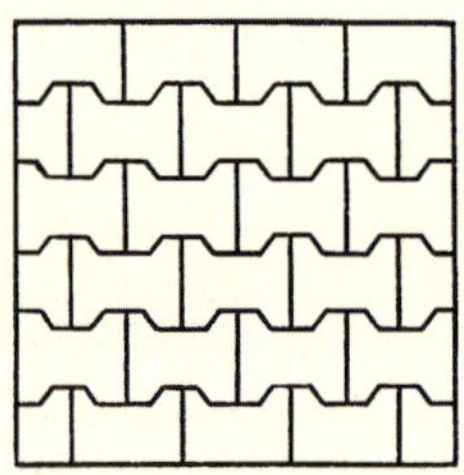

Verbundsteine

wie Doppel-T oder viele andere Formen. Die Stärke beträgt in der Regel 6 oder 8 cm, aber es gibt auch dickere Steine. Besonders ansprechend sieht das sogenannte „gerumpelte Betonpflaster" aus. Die Kanten dieser quadratischen Formsteine sind angeschlagen und erwecken dadurch den Eindruck eines altehrwürdigen Natursteinpflasters.

Verbundsteine können durch eine Art Reißverschlußsystem große Gewichtsbelastungen tragen und sinken auch am Rand kaum ab. Aufgrund der hohen Belastbarkeit genügt auch für Einfahrten eine Tragschicht von 20 cm. Mit kleinen Formaten kann man auf billige Weise Naturpflaster-Muster nachahmen.
Die Pflege gestaltet sich etwas aufwendig, weil die meisten Kunstbeläge

von vornherein „ordentlich" aussehen und bei Vernachlässigung diese ureigene Ausstrahlung verlieren würden.

- **Unterbau**

Für Gehwege 20 cm, für Einfahrten 35 cm Tragschicht; darüber 3-5 cm Auftrag. Aushub: ca. 30 bzw. 45 cm tief.

- **Randgestaltung**

Für glatte Ränder gibt es Sonderformen. Unregelmäßige Lücken lassen sich durch kleines Natursteinpflaster oder zugeschnittene Steine füllen. Ein zusätzlicher Rand kann mit Betonkantensteinen gesetzt werden. Ansonsten empfiehlt sich zur Abstützung ein Mörtelkeil.

Eine Vielfalt an Formen und Farben eröffnet nahezu unbegrenzte Gestaltungsmöglichkeiten mit Betonformsteinen – zu günstigen Preisen.

▪ Verbundsteine: Sonderformen für alle Fälle

An den Rändern sowie am Anfang und Ende des Weges sind bei Verbundsteinen Sonderformen zu verwenden. In der Baustoffhandlung gibt es Tabellen, mit deren Hilfe man die Zahl der benötigten Randsteine berechnen kann. Auch für Kurvenführungen müssen Sonderformen eingesetzt werden.

▪ Arbeitsgang

Die Verlegung erfolgt im Vorwärtsgang auf die geebnete Ausgleichsschicht. Verbundsteine werden in der Regel dicht verlegt, ohne Fugen. Bei den rechteckigen Formen hingegen ist auf exakte Fugenführung zu achten, denn bei dem einheitlichen Material fallen Unregelmäßigkeiten besonders auf. Deshalb sollte man immer wieder kontrollieren. Nach dem ersten Füllen der Fugen muß der Belag nochmals mit einer gummigeschützten Platte abgerüttelt werden.

▪ Gestaltungstip

Mit solchen Belägen lassen sich exakte Muster bilden. Auf Dauer aber wirken sie eher leblos. Zu große Flächenbelegungen sind daher zu vermeiden. Aufgrund ihrer rauhen Oberfläche eignen sich Betonformsteine gut für rutschgefährdete Situationen. Die häufigste Verwendung finden sie bei Einfahrten.

Selbst Betonplatten müssen nicht langweilig verlegt sein.

Betonplatten

Schwierigkeitsgrad 1

Betonplatten sind relativ billig und ermöglichen durch ihre einheitlichen Maße ein einfaches Arbeiten. Von den Betonformsteinen unterscheiden sie sich durch die einheitlich rechteckigen und etwas größeren Formate.

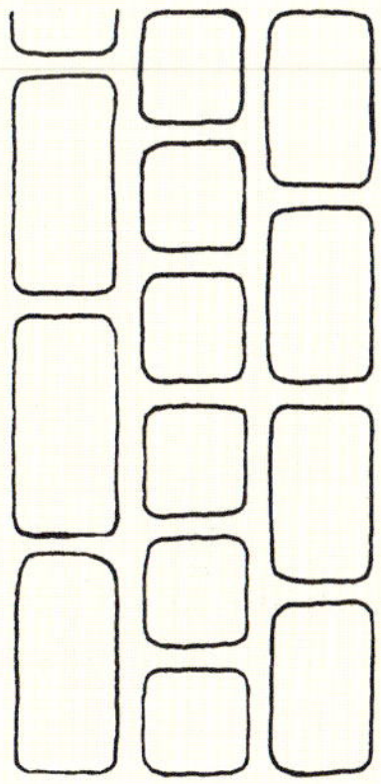

Bahnenverband

Die Platten gibt es in mehreren Farben und Formen. Die einfachsten Platten sind quadratisch im Format (30 x 30 bis 50 x 50 cm) und 4 bis 5 cm stark. Die etwas dickeren Terrassenplatten werden häufig in den Maßen 40 x 40 und 60 x 40 geliefert und sind 5 cm, vereinzelt auch bis 7 cm dick. Es gibt allerdings noch zahlreiche andere Maße.

Bei manchen Platten sind die Oberflächen behandelt. Bekannt sind die Waschbetonplatten mit eingestreutem Rundkies oder auch sandgestrahlte Beläge. Gelegentlich werden Naturstein-Zusätze aufgepreßt. Im günstigsten Fall ähnelt dann auch die Wirkung einem

Geradlinig und ordentlich – so führt ein Plattenweg zum Haus.

Naturstein. Eingefärbte Oberflächen sind weniger zu empfehlen, weil sie rasch verbleichen.
Bei einheitlicher Stärke kann man verschiedene Arten verwenden, um ein abwechslungsreiches Bild zu erzielen. Eine allzu auffällige Farbzusammenstellung jedoch zieht mehr Aufmerksamkeit auf sich, als im allgemeinen erwünscht.
Mit etwas teureren Qualitäten ist man gegen Bruch und Abblättern der Oberfläche besser geschützt.

▪ ***Unterbau***
Für Gehwege ca. 25 cm, für Einfahrten 40 cm Tragschicht; darüber 3-5 cm Auftrag. Aushub: etwa 32 bzw. 47 cm tief.

▪ **Randgestaltung**
Beton-Leistensteine sorgen für einheitlichen Stil. Kleinpflaster bringen etwas Lebendigkeit ins Bild. Oft genügt es, den Rand mit einem Betonkeil abzustützen. In Wegkurven läßt man die Wegkante abgestuft verlaufen. Kleinere Lücken lassen sich mit Kies optisch attraktiv auffüllen.

▪ **Arbeitsgang**
Beginnend vom Haus wird vorwärts gearbeitet. Kleinere Formate sind aufgrund des Gewichts einfacher zu verlegen. Bei den großen Platten ist es umso wichtiger, daß sie vor allem an den Rändern satt auf dem Sandbett aufliegen. Dies läßt sich durch leichte Korrekturen mit der Kelle erreichen. Das Anklopfen erfolgt mit dem Gummihammer oder einem untergelegten Brett. Auch beim Abrütteln ist eine schützende Gummimatte erforderlich.

▪ **Muster**
Zumindest in einer Richtung, bevorzugt in der Längsrichtung, sollten die Fugen stets versetzt sein. Das bedeutet, daß am Rand halbe

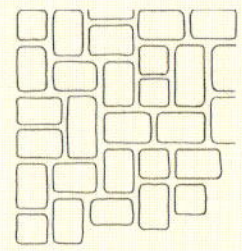

Platten benötigt werden. Kreuzfugen müssen aufgrund des einheitlichen Materials besonders exakt ausgeführt werden, wenn sie gut wirken sollen. Leichter tut man sich, wenn die Plattenreihen völlig aufgelöst und stattdessen im „Römischen Verband“ verlegt werden.

▪ **Gestaltungstip**
Gestalterisch bilden die einheitlich grauen Wegplatten eine geradlinig ordentliche, aber etwas strenge Wirkung. Am besten eignen sie sich für große Terrassenflächen, da sie für Sitzmöbel den ebensten Untergrund anbieten. In einem eingewachsenen Garten werden harte Kanten von Polstern oder überhängenden Stauden aufgelockert.

▪ **Bedarfsberechnung und Bezug**
Aus den rechteckigen Formaten läßt sich recht einfach der Bedarf errechnen. Bezug beim Baustoffhandel.

Klinker

Schwierigkeitsgrad 2

Während im südlichen Deutschland das Naturmaterial aus den Steinbrüchen vorherrscht, werden im nördlichen Teil gerne Klinker als Wegbelag verwendet. Die hartgebrannten Ton-Formsteine nehmen keine Feuchtigkeit auf; sie sind daher frostsicher und sehr robust. Die roten und braunen, manchmal auch gelben und dunkleren Farbtöne sowie das kleinflächige Muster erzeugen ein eigenes Bild, das sehr gut zu vielen anderen Steinen wie auch zu den Pflanzen paßt.
Neben dem quadratischen Standard von 18 x 18, 20 x 20 und 24 x 24 cm gibt es mittlerweile eine große Bandbreite von Formaten – rechteckige Riegel ebenso wie kleine Pflasterwürfel oder Verbundklinker. Hinzu kommen eigene holländische Fabrikate. In der Regel sind sie 4 bis 7 cm stark. Auch die Oberflächen können sich durch verschiedene Strukturen unterscheiden. Lochklinker werden ähnlich wie Rasengittersteine durchwachsen und eignen sich gut für seltener benutzte Wege.

▪ ***Unterbau***
Für Gehwege ca. 25 cm, für Einfahrten 35 cm Tragschicht; darüber 3-5 cm Auftrag. Aushub: etwa 35 bzw. 45 cm tief.

Die Ausgleichschicht sollte möglichst kalkfrei sein, weil sonst eventuell mit der Zeit unschöne Ausblühungen sichtbar werden. Vorbeugend kann man Granitsplitt einfüllen. Zum Mörteln ist ausschließlich Traßzement zu verwenden.

Klinker passen mit ihren warmen Farben gut zu den Pflanzen.

▪ **Randgestaltung**
Bei diesen kleineren Steinen ist es wichtig, daß die Wegkante stabil ist. Gerne werden Klinker senkrecht als Randsteine eingebaut (Rollschicht, im Gegensatz zur längs verlegten Läuferschicht). Zur Stabilisierung unterlegt man sie mit einem Betonkeil oder lagert sie gleich in Beton. Hier ist natürlich ein tieferer Aushub erforderlich. Hübsch sieht es auch aus, wenn man an diese Stelle Naturstein-Pflaster setzt.

Block- oder Parkettverband

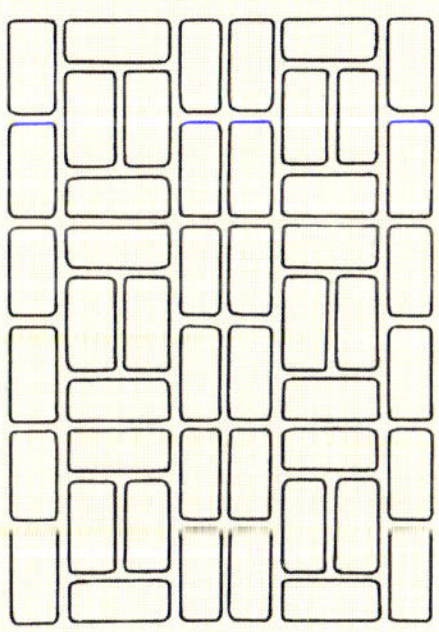

▪ Arbeitsgang
Klinker werden vorwärts verlegt. Sie erhalten in der Regel Fugen von etwa 8 mm Weite. Wer eine dichtere Verlegung wünscht, wählt nicht die mit „F", sondern mit „E" gekennzeichneten Steine. Sie können auf 3 mm Fugenbreite gelegt werden. Eine dichte Verlegung verbietet sich, weil die gebrannten Steine nie hundertprozentig einheitlich sind. Am Schluß wird der Belag unter Verwendung einer Gummimatte o.ä. abgerüttelt.

▪ Muster
Die Vielfalt der Muster erweitert sich gegenüber den Betonplatten, weil man Klinker zusätzlich der Länge oder der Höhe nach verlegen kann. Für versetzte Muster sind halbierte Steine notwendig.

▪ Gestaltungstip
Eher nicht in vollschattigen Bereichen verwenden, weil die Oberfläche dort leicht vermoost und glitschig wird.

▪ Bedarfsberechnung und Bezug
Beim Format 24 x 24 cm braucht man 16 Ziegel pro Quadratmeter, bei 20 x 20 cm 24 Stück. Geliefert wird in der Regel auf Paletten. Gebrauchte Klinker sind nicht zwangsläufig unschön, sondern gewinnen im Laufe der Zeit sogar eine gewisse Patina. Aufgrund der Ausfälle beschädigter Steine ist die Ersparnis allerdings meist gering, wenn man gebrauchte Steine kauft.

Mit rötlichen Ziegeln lassen sich interessante Muster gestalten.

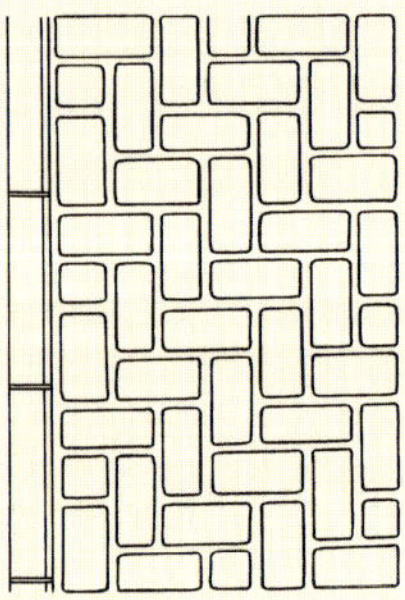

Ellbogen-/ Maurerverband

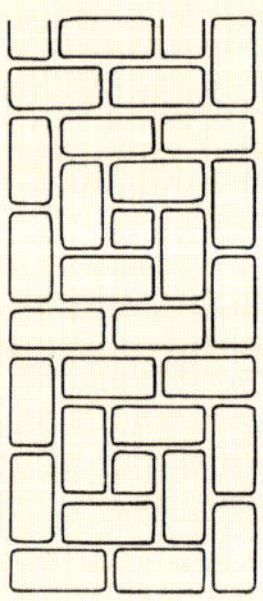

Mittelsteinverband

TIP!

Preisgünstig und individuell: *Splitt im Ziegelrahmen. Eine beliebte und kostengünstige Version sind gebrauchte Ziegelsteine, die mit geschlossener Fläche nach oben auf die Tragschicht zu legen sind. Der Breite nach hintereinander ergeben sie gerade einen Weg von Trittbreite. Alternativ lassen sie sich auch längs als Beetrand verlegen. Die Wege dazwischen können dann mit Stein- oder Ziegelsplittern oder mit Kies aufgefüllt werden. Nicht zuletzt aufgrund verschiedener Farben wirkt eine solche Kombination recht individuell und lebendig. Für die Steine ist natürlich tiefer auszuheben als für die Splittschicht. Auf sehr leichten Böden müssen die Steine eventuell mit Lehm oder Mörtel gegen das Abrutschen ins Beet gesichert werden.*

Naturstein

Naturstein-Pflaster

Schwierigkeitsgrad 2 bis 3

Die bekannten Pflastersteine werden in Steinbrüchen gewonnen und zu einheitlichen Formaten zerkleinert. Da dies nicht durch Schneiden, sondern Spalten geschieht, sind die Oberflächen nicht glatt und die Größen und Formen nicht völlig einheitlich. Kein Stein gleicht dem anderen. Das erschwert zum einen das Verlegen, hebt andererseits aber die ästhetische Wirkung des Materials und macht es so lebendig.
Gerade wenn man die aufwendige Verlegung berücksichtigt, stellen Natursteine den teuersten Belag dar. Sie sind allerdings nahezu unbegrenzt haltbar und verlieren auch nach Gebrauch nicht an Wert, weil sie sich wieder neu verwenden lassen.
Grundsätzlich unterscheidet man zwischen Groß- und Kleinpflaster. Großpflaster-Würfel werden in der Regel in Sortierungen mit 12, 14, 16 und 18 cm Kantenlänge angeboten. Aufgrund des erläuterten Spielraums variieren die Formate etwa um 1 cm nach oben und unten, was sich in der fachgerechten Größenbezeichnung widerspiegelt: Man spricht von den Formaten 11/13, 13/15, 15/17 und 17/19 cm.
Im Bereich von 7 bis 10 cm Kantenlänge handelt es sich um Kleinpflaster. Von 6/8 cm bis 9/11 cm findet man die nach jeweils 1 cm sortierten Formate. Unterhalb dieser Größenordnung spricht man genaugenommen von Mosaik(stein)pflaster. Es ist bis zu 5 cm Kantenlänge erhältlich. Die Größe des Steins sollte auf die Fläche und die gewünschte Musterung abgestimmt werden.
In vielen Fällen bestehen die Pflaster aus dem Hartstein Granit, aber auch aus Basalt, Porphyr, Melaphyr oder Grauwacke. Daraus ergeben sich Unterschiede in Körnung und Farbe sowie hinsichtlich der Halt- und Bearbeitbarkeit. Wer möglichst gleichfarbige und würfelförmige Steine mit geringem Größenspielraum möchte, der

Naturstein-Pflaster gibt es in allen möglichen Größen.

muß Güteklasse I verlangen und entsprechend den höchsten Preis bezahlen.
Im Gegensatz zum Verlegen ist die Pflege bei Natursteinen weniger aufwendig als bei Betonsteinen. Denn sie müssen nicht so ordentlich wirken; Flechten, Moose und Wildwuchs passen sogar gut zum natürlichen Charme.

▪ **Arbeitsgang**

Das Verlegen von Naturstein-Pflastern erfordert viel Einfühlungsvermögen. Der entscheidende Unterschied zum Kunststein liegt in seiner Uneinheitlichkeit. Aus diesem Grund muß jeder Stein individuell auf die richtige Höhe gebracht werden. Wer über einen richtigen Pflasterhammer verfügt, schiebt dabei mit dem schaufelartigen Ende die Sand- oder Splittschicht auf die passende Höhe. Dann wird der Stein daraufgesetzt und leicht gleichmäßig festgeklopft, so daß er etwa 1/2 bis 1 cm über der vorgesehenen Endhöhe liegt. Für diese Anpassung braucht man die auf richtiger Höhe verlaufende Schnur am Rande. Durch

Der Steinvorrat wird am besten entlang der Arbeitsstrecke gelagert.

Tips zur Steinauswahl beim Verlegen
Es empfiehlt sich, die Steine außerhalb und entlang der Wegmarkierung aufzuhäufen, damit sie immer greifbar sind, aber nicht die Arbeitsfläche belegen. Um die unterschiedlichen Größen der Steine aufzufangen, sollte man jeweils zwei oder drei Zeilen mit unterschiedlich großen Ausgangssteinen beginnen und die nächsten ihrer Größe entsprechend den Zeilen zuordnen.

Abrütteln oder Stampfen wird das Pflaster gleichmäßig auf die endgültige Höhe gebracht.
Je größer der Stein, desto höher darf die Bettung sein, desto gröber auch die Körnung des Splitts und desto breiter die Fuge.
Weil die Einzelsetzung ohne Verfugung äußerst instabil ist und es auch nicht auf eine glatte Aufbauschicht ankommt, wird beim Naturstein-Pflaster rückwärts gearbeitet, mit dem Blick zur bereits verlegten und dem Rücken zur freien Fläche.
Schon die Einhaltung gerader Zeilen ist mit den unregelmäßigen Steinen schwierig. Für den Laien gilt: so oft wie möglich kontrollieren! Dazu wird

immer wieder die Lage zur Markierungsschnur geprüft und der Verlauf der Reihen mit der Wasserwaage kontrolliert. Notfalls spannt man in kleinen Abständen zusätzliche Schnüre quer zum Weg.
Werden als Lückenfüller gespaltene Steine benötigt, so kann man diese Aufgabe von Hand mit einem Flachmeißel erledigen.
Wenn das Pflaster besonders sicher liegen soll, kann man es in Trockenmörtel verlegen. Das Vorgehen ist grundsätzlich dasselbe wie sonst. Allerdings muß bei trockener Witterung gearbeitet werden; durch Hinzukommen von Feuchtigkeit soll der Mörtel erst nach Vollendung langsam aushärten. In die Fugen werden wie bei anderen Belägen Sand (evtl. 2:1 mit Erde gemischt) oder Splitt mit dem Besen eingekehrt und schließlich eingeschwemmt. Einen Teil sollte man jeweils gleich nach einigen Reihen einfüllen, um dem Belag erste Stabilität zu verleihen. Nur in Notfällen sollte mit Mörtel verfugt werden.

Verdichtet wird erst, wenn die Fläche fertig ist. Bei den robusten Pflastersteinen kann das Stampfen und Rütteln ohne Gummimatte erfolgen. Schließlich werden die Fugen noch einmal vollständig gefüllt.

Natursteinpflaster bietet sich an, Rasenflächen zu erschliessen. Großzügig verlegt, bleibt noch genug Platz für Grünes.

Auch hier ist ein Muster zu bevorzugen, bei dem die Steine und Fugen von Querreihe zu Querreihe versetzt sind. Bei den unregelmäßigen Steinformen ist aber bereits dieses einfache Muster über größere Flächen schwierig durchzuhalten. Damit die Reihen exakt parallel sind, sollte man in regelmäßigen Abständen (z.B. 1 m) eine Schnur spannen.
Die Vielfalt an möglichen Mustern ist der Vorteil des kleinteiligen Pflasters. Besonders lebendig wirken improvisierte Muster mit verschiedenen Formaten und Farben. Rundliche Formen gehören zu den reizvollsten, aber auch verzwicktesten Aufgaben beim Verlegen (siehe S. 45).
Bei solchen Mustern lohnt es sich, die Verlegung „auf dem Trockenen" zu üben, beispielsweise in einem ein bis zwei Quadratmeter großen Holzrahmen. So kann man frühzeitig erkennen, ob man mit der Eigenleistung zufrieden sein wird. Je größer die Fläche, desto schwieriger wird es für den ungeübten Laien.

▪ **Bedarfsberechnung**
Bestellt werden Naturpflaster nach Tonnen Gewicht. Kleine Steine haben einen wesentlich höheren Tonnenpreis; da aber mit dem gleichen Gewicht eine größere Fläche verlegt werden kann, gleichen sich die Preise ziemlich aus.

Beispiel Großpflaster

Schwierigkeitsgrad 2

Entsprechend des Formats werden Großsteine lieber in größeren Gärten bevorzugt, wo sie besser zur Wirkung kommen. Im durchschnittlichen Garten bleibt ihr Einsatz meist auf die Randgestaltung beschränkt, denn dieses Pflaster eignet sich hervorragend zur Begrenzung von kleinerem Pflaster, von Betonplatten oder Kieswegen. Für versetzte Fugen sind sogenannte Bindersteine erforderlich, die um einen halben Stein breiter sind als die normalen Würfel. Damit ersetzen Sie die am Rand sonst üblichen halbierten Steine. Meist sind sie zu einem Anteil von zehn Prozent einer Lieferung beigemischt.

- ***Unterbau***

Für Gehwege ca. 20 cm, für Einfahrten 35 cm Tragschicht; darüber 5 cm Auftrag. Aushub: etwa 40 bzw. 55 cm tief.

- **Rand**

Eine Reihe Großsteine wird sehr häufig als Umrahmung benutzt, manchmal auch zwei Reihen Kleinsteine. Da der Rand zuerst verlegt wird, nicht vergessen, geeignete Maße auf die Steingröße abzustimmen!

Großsteinpflaster wirkt ruhig, stabil und natürlich.

Tip zur Gestaltung

TIP! *Ein interessantes Einsatzgebiet sind Rasenpflaster, meist für Garageneinfahrten. Zu diesem Zweck beläßt man zwischen den großen Steinen Fugen von 3 bis 5 cm Abstand, die mit Erde gefüllt und eingesät werden. Aufgrund des Gewichts liegt dieses Pflaster auch ohne enge Verfugung relativ stabil. Voraussetzung ist natürlich ein entsprechender Unterbau.*

- **Bedarfsberechnung und Bezug**

1 t dieser Pflastersteine ergeben etwa 2,5 bis 3,5 m² – je größer die Steine, desto weniger. (Für das 14er Format braucht man etwa 42 Steine, für das 16er 35 und für das 18er 26 Steine pro m².)

Beispiel Kleinstein- und Mosaikpflaster

Schwierigkeitsgrad 3

Mit kleinen Pflastersteinen lassen sich sicherlich die interessantesten Beläge gestalten. Bei geeignetem Unterbau hält das Material allen Beanspruchungen im Garten stand und ist sehr langlebig. Übergänge und Lücken lassen sich mit kleinem Material am problemlosesten füllen.

▪ ***Unterbau***
Für Gehwege ca. 20 cm, für Einfahrten 35 cm Tragschicht; darüber 3 cm Auftrag. Aushub: etwa 30 bzw. 45 cm tief.

▪ **Rand**
Siehe Beispiel Großpflaster. Zur Stabilisierung kann man eine seitliche Unterstützung aus Mörtel einbauen. Zumindest sollte der Rand frühzeitig verfugt und verdichtet werden.

▪ **Ornamente**
Mittels verschiedenfarbiger Steine lassen sich alle Arten von Ornamenten gestalten. Der häufige Grauton kann zum Beispiel mit weißen oder rötlichen Steinen kombiniert werden. Es empfiehlt sich, bei komplizierteren Ornamenten am Schreibtisch einen Plan zu entwerfen, den man später auf Original vergrößert oder durch Segmentierung übertragen muß.

▪ **Wildsteinpflaster**
Diese Steine sind unregelmäßig gebrochen und nur grob sortiert. Sie müssen wie ein Puzzle frei verlegt werden. Dies erfordert Übung, zumindest aber ein gutes Auge für die Verwendung der einzelnen Steine. Der Belag wirkt äußerst lebendig, ist nicht allzu belastungsfähig und sollte auf kleinere Flächen beschränkt bleiben. Rand nicht vergessen!

▪ **Kreismuster**
Für ein Kreismuster wird zunächst ein Quadrat freigehalten, in dem der Kreis gerade Platz hat. Zwei Schnüre, zueinander im rechten Winkel durch den Mittelpunkt (oftmals ein Gully oder Schachtdeckel), markieren vier gleiche Kreissegmente.
Mit einer vom Zentrum gespannten Schnur in der Länge des Radius kann man dann die Kreisform anzeichnen. Der Kreisradius sollte ein Viel-

Für solche Kunstwerke mit Mosaikpflaster braucht man handwerkliches Geschick.

Unterschiedliche Farben und Größen ermöglichen alle Arten und Muster.

faches von Steingröße plus Fugenbreite betragen. Entlang dieser Linie kann der Außenkreis gelegt werden, am besten in einem abgehobenen Farbton. Sodann arbeitet man sich Ring für Ring vom Zentrum zu diesem Rand. Innen sind bevorzugt schmal zulaufende Steinformen zu verwenden. Eventuell legt man zuerst die Diagonalen entlang der Schnüre aus und gibt damit die Reihen für die verschieden großen Steine vor. Aber erst ganz zum Schluß wird der Mittelstein gesetzt, der genau passen sollte, und die Fugen werden eingestreut.

▪ Bogenpflaster

Es ist viel Einfühlungvermögen notwendig oder eine nahezu wissenschaftliche Berechnung, damit ein harmonisches Verhältnis zwischen dem Radius und den Abständen zwischen zwei Bögen entsteht. Laien ohne entsprechende Erfahrung sollten diese Arbeit besser Fachleuten überlassen.
Schuppenpflaster ist noch komplizierter als Bögen.
Durch einen Pflock vom Zentrum des jeweilgen Bogens aus kann man mit einer Schnur den Halbkreis in der Aufbauschicht markieren. Es empfiehlt sich, Schnüre sowohl vom Ausgangspunkt zum höchsten Punkt des Bogens als auch zwischen den Schnittstellen mit den nächsten Bögen zu spannen, um Höhe und Verlauf möglichst ständig unter Kontrolle zu haben. Vom höchsten Punkt nach innen und nach außen werden die Steine immer kleiner gewählt. An den Rändern müssen sie wieder rechtwinklig anschließen.Auf geneigten Flächen werden Bögen so gesetzt, daß die Bogenzentren bergabwärts liegen. Durch die verkeilten Spitzen gewinnt die noch Stabilität mit der Zeit. Das Ganze sollte man zu Beginn umrahmen.

▪ Spirale

Ausgangspunkt ist wieder das Zentrum einer quadratischen Fläche. Um eine harmonische Form vorzumarkieren, sollte man eine vorgefertigte Skizze zu Hilfe nehmen. Gearbeitet wird von der Mitte zum Rand hin. Die (oft farblich abgehobene) Spiralenreihe kann zur Stabilisierung in ein Mörtelbett verlegt werden.

▪ Gestaltungstip

Wie Großsteine werden auch Kleinpflastersteine gerne für die Randgestaltung benutzt, meist jedoch in zwei oder drei Zeilen. Sie vermitteln erfolgreich zwischen strengeren Belägen und der natürlichen Umwelt. Außerdem sind sie ebenso für Rasenpflaster zu verwenden, mit etwa 2 cm breiten Fugen. Natürlich braucht man auf diesen Flächen entsprechend weniger Steine.

Die natürliche Wirkung der Kleinsteine befähigt sie besonders dazu, auch kleinen Gärten mit spärlichem Pflanzenbewuchs eine gewisse Lebendigkeit zu verleihen. Mit dem flexiblen Material können Vertiefungen, Aufwerfungen und Aussparungen befestigt werden. Daher eignet es sich hervorragend für Problem- und Übergangsbereiche. Baumscheiben lassen sich ebenso fachgerecht einbauen wie Wasserbecken.
Obwohl auf Terrassen eine abwechslungreiches Muster besondere Beachtung fände, eignen sich die kleinen Steine hierfür weniger, weil die Sitzmöbel in den vielen Fugen zu wackelig stehen. Mosaikstein taugt am besten für kleine Flächen und für Zierleisten.

▪ Bedarfsberechnung und Bezug

1 t Mosaikpflaster 4/6 ergibt etwa 8,5 m², 1 t Kleinpflaster 8/10 etwa 5,5 m². Da diese kleinen Steine häufig in Bögen gelegt werden, sind üblicherweise auch trapezförmige Zwischengrößen einsortiert. Es lohnt sich daher, bei der Bestellung stets auch das vorgesehene Muster anzugeben. Eine vorsortierte Lieferung ist zwar teurer, erleichtert aber die Arbeit. Gebrauchte Straßenbeläge sind beliebt, weil die Oberflächen abgeschliffen sind, nicht mehr nachdunkeln und glattglänzend wirken. Wegen des zu erwartenden Ausschusses muß allerdings etwa 10 Prozent mehr Material geordert werden. Es ist also nicht nur zu säubern, sondern auch noch auszusortieren.

Man kann Geld und Material sparen, wenn man die alten Betonplatten mit Mosaiksteinen kombiniert

Beispiel Kieselsteinpflaster

Schwierigkeitsgrad 2

Mit diesem Material, das man auch selbst entlang von Flüssen oder in Kiesgruben sammeln kann, können sehr dekorative Böden hergestellt werden. Der Eigenbau ist nicht besonders schwierig. Allerdings beschränkt man sich im Garten meist auf kleine Muster oder Symbole, die an prominenter Stelle, zum Beispiel am Eingang oder vor der Haustüre, in andere Beläge eingesetzt werden und die Aufmerksamkeit auf sich ziehen. Am häufigsten verwendet man dazu längliche, ovale Steckkiesel mit 10 bis 15 cm Länge. Im Kieswerk kann man oft auch andere Größen sowie halbiert Kiesel erhalten, die dann mit der Schnittseite nach oben einen ebenflächigeren Belag abgeben als Rundlinge.

Jeder Kieselstein muß individuell in ein Sandbett verlegt werden.

▪ Arbeitsgang

Das Ornament sollte zumindest „auf dem Trockenen" geübt werden. Eventuell kann man eine Skizze anfertigen und Planquadrat für Planquadrat auf die Wegfläche übertragen.

Der Aufbau wird dazu genauso angelegt wie bei Kleinsteinpflaster: Tragschicht ab 20 cm und 3 cm Bettung. Wer sich bei der Arbeit ziemlich sicher ist, kann gleich in Mörtel oder Magerbeton verlegen (dann läßt sich nichts mehr korrigieren). Allerdings muß dann der Ablauf des Wassers durch ein Gefälle gesichert werden. Die Umrahmung sollte schon vorher fertig sein.

Für die Arbeit mit Trockenmörtel eignet sich nur trockene Witterung. Die Mischung aus Splitt und Sand mit Zement (4:1) wird auf den planierten Unterbau ausgelegt – jeweils nur auf Flächen, die man in kurzer Zeit verlegen kann. Darin lassen sich vorgesehene Muster markieren. Die Steine setzt man möglichst eng und klopft sie dabei vorsichtig an. Wichtig ist, daß die Oberfläche der Steine in einheitlicher Höhe liegt. Das wird mit der Richtlatte überprüft. Schließlich wird der Mörtel mit Wasser gebunden und muß einige Tage aushärten. Die Fugen dürfen nicht bis oben geschlossen werden – unter anderem, weil ansonsten der schöne Schattenwurf verloren ginge. Beim Stampfen (ohne Mörtel) muß ein Brett zwischengelegt werden.

Die Oberfläche der Steine muß in gleicher Höhe liegen.

Natursteinplatten

Schwierigkeitsgrad 3

Natursteinplatten eignen sich am besten für größere Flächen. Aufgrund der vielfältigen Ausgangsgesteine lassen sich völlig unterschiedliche Wirkungen erzielen. Vor allem Steine mit gebrochenen Oberflächen wirken wesentlich malerischer als Betonsteine, sind aber auch erheblich teurer. Gut spalten lassen sich in erster Linie die Hartgesteine wie Granit, Gneis, Porphyr und Quarzit, vorwiegend in Grautönen. Auch Schiefer wird plattenweise gewonnen, obwohl er schon zu den weicheren Gesteinen gehört. Andere Sedimente wie Kalk- und Sandstein werden in der Regel gesägt, aber trotzdem zum Teil mit gebrochenen Kanten angeboten.

Polygonalverband

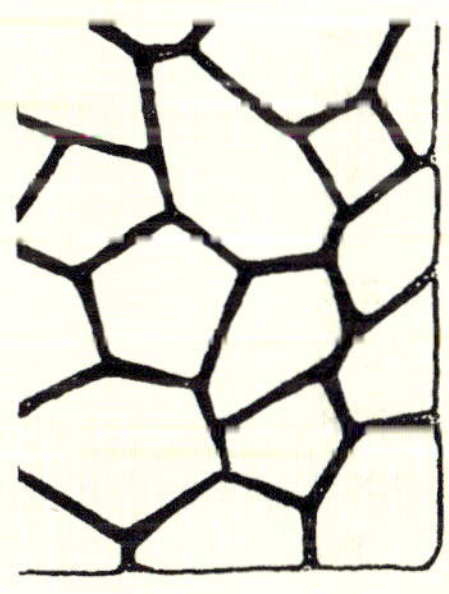

Beim Wandeln über Trittplatten bleibt die Natur unberührt.

Kalksteine sind leider weder vollständig frost- noch säurefest; Salzstreuen sollte mit Rücksicht darauf unbedingt unterbleiben. Sie weisen meist gelbliche Farbtöne auf. Der mehr oder weniger porige Travertin gehört zu den Kalksteinen. Auch Sandsteine, meist in rötlichen Farbtönen, gibt es bevorzugt in gesägten Formaten. Sie lassen sich leicht bearbeiten, lösen sich aber bei anhaltender Feuchtigkeit auf. Deshalb sollten nur härtere Sandsteine für Plattenbeläge verwendet werden.

Hartstein-Platten sind etwa 4 bis 5 cm stark, weichere Gesteine eher dicker. Damit sie stabil liegen, sollten die Platten mindestens 1/4, besser 1/3 m³ messen. Dadurch ergibt sich auch eine ruhigere Flächenwirkung. Rechteckig geschnittene Formate sind leichter zu verlegen, aber auch teurer als unregelmäßige. Eine Fläche aus natürlich wirkenden, bruchrauhen Platten, die trotz ihrer unregelmäßigen Formen mit schmaler Fuge ver-

Trittplatten verlegen

Rasen in Steinform abstechen und ausheben, Sand als Ausgleich unterlegen.

Wer die Kanten sauber bearbeitet, kommt auch bei Natursteinplatten mit schmalen Fugen aus.

legt sind, kann eine Augenweide sein. Nachteil: Selbst der beste Puzzle-Spieler wird nicht um Korrekturen herumkommen. Beim Verlegen müssen die Kanten bearbeitet werden, damit die Fugen nicht zu groß werden.
Enge Verfugungen sind unumgänglich, wenn man auf dem Belag Sitzmöbel aufstellen will. Um dies zu erreichen, sollte man in der Regel einen Fachmann zu Hilfe nehmen. Soll die Fläche befahren werden, empfiehlt es sich, die Platten in Zementmörtel zu verlegen.

▪ Unterbau
Für Gehwege ca. 25 cm Tragschicht; darüber 3-5 cm Auftrag. Aushub: etwa 32 cm tief.

▪ Arbeitsgang
Nachdem die Auflageschicht etwas überhöht ausgebracht ist, werden die Platten individuell in die Bettung eingelegt und mit einem Gummihammer waagrecht festgeklopft. Man arbeitet dabei rückwärts, von der unbelegten Fläche aus, und von innen nach außen. Die Belagsoberfläche ist wiederholt mit der Wasserwaage zu kontrollieren.
Bei unregelmäßigen Kanten sind die Fugen nie so schmal wie bei gesägten. Notfalls müssen sie mit Hilfe eines Setzmeißels zurechtgestemmt werden. Wer über eine Steinsäge verfügt, darf Schutzbrille und Atemschutz nicht vergessen. Eine allzu glatte Schnittkante sollte man allerdings nochmals nachschlagen, damit sie natürlicher aussieht. Abschließend wird Sand oder Splitt in die Fugen gekehrt und schließlich mit Wasser eingeschwemmt. Beim Verdichten sind die Naturstein-Platten durch eine Gummimatte zu schützen.

▪ Rand
In der Regel verwendet man keine anderen Materialien zur Randgestaltung. Mit etwas Mühe kann man den Rand einer Plattenfläche aus Natursteinen einigermaßen gerade halten. Aber auch völlig ausgefranste Formen sind bei diesem Material erlaubt.

▪ Bedarfsberechnung und Bezug
Aufgrund der uneinheitlichen Formen, Größen und Stärken von Natursteinplatten muß der Bedarf mit dem Fachhändler abgestimmt werden.

Kieswege

Schwierigkeitsgrad 1

Kieswege sind vorübergehend aus der Mode gekommen – zum Teil, weil sie relativ viel Pflege erfordern, aber auch weil sie nicht sehr gehfreundlich sind. Aber dafür sind diese elastischen Beläge billig und leicht anzulegen. Auch geschwungene Formen lassen sich unproblematisch verwirklichen. Vor allem verbreiten sie einen reizvollen altmodischen Charme, wie wir ihn von historischen Parkanlagen kennen.
Der Fachmann bezeichnet den Kiesweg als „wassergebundene Decke", weil sie immer etwas feucht sein sollte, um stabil zu sein. Deshalb spült man immer wieder Sand in den Schotter, um eine Sogwirkung von unten nach oben zu ermöglichen.

▪ *Unterbau*

Beim Kiesweg sind verschiedene Fraktionen erforderlich. Zuunterst eine etwa 10 bis 15 cm starke Lage aus grobem Kies (0/32) oder Grobschotter (40/60 - 32/56). Bei Einfahrten oder auf besonders schweren Böden dürfen es jeweils 5 cm mehr sein. Darüber nochmals etwa 5 cm Splitt (20/40 16/32), ersatzweise „Mineralbeton" oder „Wegereparatur Splitt Sand Gemisch". Die eigentliche Deckschicht braucht nur 3 cm hoch zu sein. Aushub: etwa 20 bis 30 cm tief. Oftmals werden auch mehrere Schichten aufeinandergefüllt, nach dem Prinzip: je weiter oben, desto feiner das Material.

Wenn man Kalksteingrus verwendet, bindet freiwerdender Kalk das verkeilte Material zusätzlich.

Kiesweg (Wassergebundene Decke)

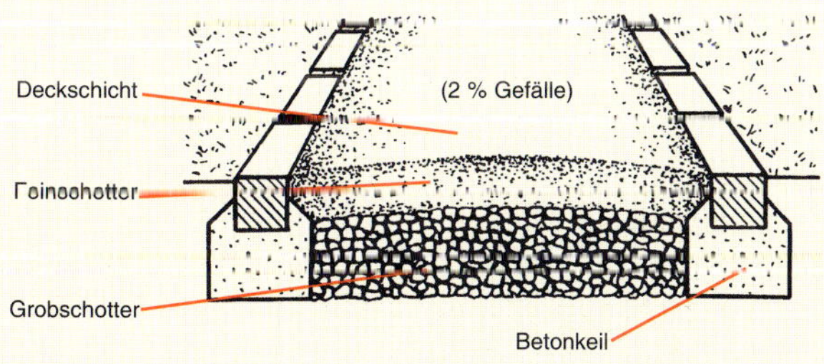

Je weiter weg vom Haus, desto natürlicher der Wegbelag.

Wichtig ist bei Kieswegen eine Einfassung, sonst rutscht der Kies laufend in die benachbarten Wiesen und Beete. Die Oberfläche soll leicht gewölbt angelegt werden, mit einer etwa zweiprozentigen Neigung nach beiden Seiten, damit Niederschläge gut zum Rand hin abfließen können. Ein zu steiles Längsgefälle hingegen ist zu vermeiden, weil der Kies sonst ständig abgetragen wird.

▪ Rand

Am häufigsten findet man eine Reihe Groß- oder zwei bis drei Reihen Kleinpflaster als Rand eines Kieswegs, je nach Breite. Das sieht auch am

hübschesten aus.
Dadurch ergibt sich eine ebenerdige Mähkante zum Rasenrand. Dies läßt sich auf größeren Flächen auch durch rechteckige Platten erreichen. Für angehobene Einfassungen kann man Beton-Kantensteine verwenden.

▪ Arbeitsgang

Nach dem Ausheben und Verdichten des Untergrunds wird die Tragschicht aufgebracht und ebenfalls verdichtet. Dabei ist bereits die gewünschte Wölbung zu beachten. In die jeweiligen Schichten wird Brechsand eingeschwemmt, bis die Hohlräume dicht gefüllt sind. Ersatzweise läßt sich auch Lehm verwenden, in den die nächste, feinere Schicht gut eingestampft wird.
Wichtig ist, daß sich die Schichten stabil ineinander verkeilen. Auf die Tragschicht sollte man zuerst den Rand setzen. Ergänzend zur Sandunterlage läßt er sich zur Umgebung hin durch einen Betonkeil stützen. Dann kommt die Splittschicht. Zum Verdichten wird gerne eine Walze benutzt.
Darüber folgt schließlich der Deckkies, meist in einer Körnung bis etwa 8 mm (4/8), manchmal bis 16 mm (4/16), eventuell auch Splitt 5/8 oder 8/11. Zunächst sollte man nur einen Teil ausbringen. Durch gelegentliches Bewässern und Nachwalzen in den nächsten Wochen läßt sich eine ausreichende Bindung erreichen. Erst dann wird der restliche Kies nachgefüllt.

▪ Gestaltungstip

Verwendet man als Deckschicht Lehmsand, so entsteht ein sehr natürlicher Eindruck. Trotzdem wird dabei Kies als durchlässige Schicht unterhalb des Lehmsands benötigt.

Schotterrasen

Ein Schotterrasen ist trittfest, sogar gelegentlich befahrbar. Hier sollen sich Pflanzen ansiedeln. Auf die unterste Grobschicht aus Kies oder Schotter füllt man zunächst etwa 10 cm mittelfeinen Schotter (16/32), der wiederum mit Sand eingeschwemmt wird. Die mindestens 5 cm starke Deckschicht aus Splitt muß mit Gartenerde oder Humus gemischt werden, damit sich auf Gräser ansiedeln können.

▪ Pflege

Weil dieser Untergrund verunkrauten kann, ist seine Pflege etwas aufwendiger. „Natürlich" sollte man die aufkeimenden Unkräuter lieber regelmäßig abhacken oder bei Bedarf ausstechen (Löwenzahn), anstatt zur Spritze zu greifen.

Kies und Pflanzen bilden eine harmonische Einheit.

Holz

Auf dem Holzweg

Ein Pfad aus einzelnen Rundhölzern wirkt fast wie gewachsen.

Holz stammt wie die Umgebung des Gartens aus dem Pflanzenreich und fügt sich daher besonders harmonisch ein. Holz hat einen ausgeglicheneren Wärmehaushalt als Stein und ist angenehm zu begehen. Als organisches Material unterliegt es aber auch Veränderungen, die bei der Verwendung zu berücksichtigen sind.

Holz „arbeitet" nämlich: Es quillt auf, wenn es feucht wird, und schrumpelt bei Trockenheit. Diese Eigenschaften hängen von der Art des Holzes ab. Das harte Eichenholz ist ebenso wie manche tropischen Hölzer (die nicht verwendet werden sollten) äußerst widerstandsfähig. Nadelhölzer sind in der Regel weniger hart, eignen sich aber trotzdem für die Verwendung im Außenbereich. Hiervon gehört die Lärche noch zu den robusteren. Außerdem ist der Kern eines Stamms gegen Veränderungen unempfindlicher als das Splintholz vom äußeren Stamm.

Eine Imprägnierung ist nur erforderlich bei direktem Kontakt mit der feuchten Erde.

Holzpflaster wird in der Regel „kesseldruck-imprägniert" angeboten. Das heißt, daß Chrom-Kupfer-Salze mit hohem Druck in das Holzinnere gepreßt wurden und deshalb nur in vernachlassigbaren Mengen an die Umgebung abgegeben werden. Bei Hölzern, die nicht direkt mit dem Erdreich in Kontakt stehen und gut abtrocknen können, ist ein Holzschutzanstrich nicht erforderlich. Kosten und Aufwand dafür wären größer, als wenn man die Holzkonstruktionen bei Bedarf ausbessert.

Darauf ist allerdings zu achten, um die Sicherheit der Nutzer zu gewährleisten.

Während Holzboden im Schatten problematisch sind, weil sie bei Feuchtigkeit leicht glitschig werden, paßt die zerkleinerte Rinde hervorragend auf Wege zwischen Gehölzgruppen.

Holzpflaster

Schwierigkeitsgrad 2

Dieser Belag ist in erster Linie für sonnige Lagen geeignet, wo die Oberfläche rasch abtrocknen kann. Im Schatten wird ein solcher Untergrund fast immer glitschig. Rundhölzer (Hirnholz) werden in sortierten oder gemischten Formaten in den Baumärkten angeboten. Die Höhe bewegt sich zwischen 10 und 15 cm, der Durchmesser zwischen 10 und 30 cm. Durch die runde Form bleiben beim Verlegen große Lücken, weshalb sich dieser Belag weniger für Sitzflächen eignet. Mit Kanthölzern hingegen lassen sich schmale, in geschützten Lagen sogar dichte Fugen wie mit Betonsteinen erreichen. Sie gibt es in quadratischen und rechteckigen Formaten.

▪ **Unterbau**

Die wasserdurchlässige Unterschicht aus grobem Schotter (20 cm) ist bei Flächen aus Holz unbedingt erforderlich, weil es sonst frühzeitig verrottet. Darüber eine etwa 5 cm starke Schicht von Sand oder feinem Splitt. Kontakt mit feuchter Erde ist zu vermeiden.

▪ **Rand**

Ein Rand mit anderen Materialien ist nicht üblich. Gelegentlich sieht man der Länge nach eingegrabene Rundlinge mit etwa 8 cm Durchmesser als Einfassung.

▪ **Arbeitsgang**

Rundhölzer werden vorwärts verlegt, also jeweils vom fertig verlegten Teil aus. Man stellt sie dazu nebeneinander in kleinen Abständen auf, und füllt die Zwischenräume mit Sand oder Splitt (5/8 mm) auf. Da sie bei Nässe aufquillen, sollten sie nicht völlig dicht stehen. Bei Kanthölzern beläßt man etwa 5 mm breite Fugen, damit die Quellungen aufgefangen werden. Nach dem Füllen der Fugen wird jeweils mit dem Stampfer verdichtet.

▪ **Bedarfsberechnung und Bezug**

Je nach Durchmesser läßt man sich den Flächenbedarf im Baumarkt oder im Holzgroßhandel berechnen.

Holzdecks und Holzroste

Schwierigkeitsgrad 3

Holzdecks oder -roste sind in erster Linie eine Lösung für Terrassenflächen (siehe S. 14). Sie wirken luftig und können durch eine Stützkonstruktion auf beliebige Höhe

Bauschema für Holzroste

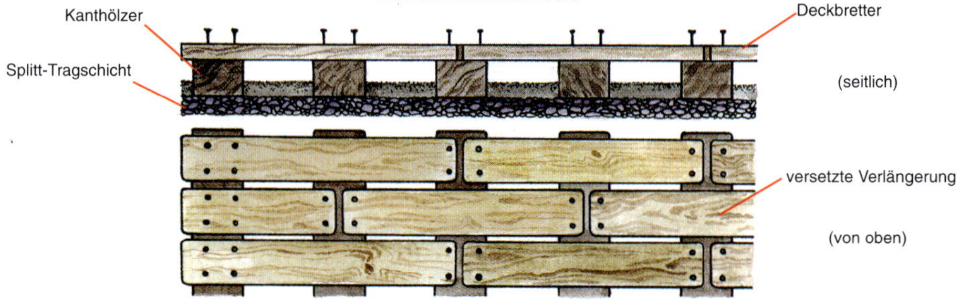

gesetzt werden, um auch schwer bebaubare Untergründe zu überdecken. Gerne verwendet man sie zur Pergola, aber sie passen auch gut zu Kies- oder Rindenwegen. Wichtig ist, daß die Oberfläche völlig eben und splitterfrei ist, damit man sie ohne Gefahr barfuß begehen kann. Ein jährliches Abschrubben verhindert die dauerhafte Ansiedlung von glitschigen Moosen und Flechten. Metallbestandteile sind gelegentlich zu entrosten.

▪ Unterbau

Wie auch bei Kieswegen und Holzpflastern ist ein wasserundurchlässiger Untergrund mit einer etwa 20 cm starken Schotterschicht anzulegen. Bei einer Terrasse ist unbedingt ein Gefälle weg vom Haus vorzusehen.

Auch ein Naturmaterial kann man mit etwas „Pfiff“ gestalten.

▪ Arbeitsgang

Als Oberfläche eines selbstgebauten Decks wählt man mindestens 25 mm starke, gehobelte Belagsbretter. Sie werden auf rechteckigen Auflagehölzern von mindestens 40 mm Stärke (am besten 100 x 100 mm), die im rechten Winkel zur Brettrichtung liegen, miteinander verbunden. Die Auflagehölzer sollten nicht weiter als 60 cm voneinander entfernt sein.

Genügt die Länge der Bretter nicht für die ganze Breite der Konstruktion, dann sollten sie versetzt verlängert werden, also einmal oben, einmal unten, einmal in der Mitte. Dies sieht besser aus als eine durchgehende Nahtstelle. Die Anschlüsse müssen sich immer auf einem Auflageholz treffen. Freie Überstände sind zu vermeiden. Um die Bretter mit jeweils zwei Schrauben zu befestigen, nimmt man am besten eine Bohrmaschine mit Schraubaufsatz zu Hilfe. An sichtbaren Stellen sollte in nichtrostende Schrauben investiert werden.

In Gartencentern und Baumärkten gibt es fertige Roste von einem Viertel bis eineinhalb Quadratmetern. Diese können direkt auf einer Auflageschicht aus feinem Splitt verlegt werden. Besser belüftet sind sie, wenn man auch hier eine Holzunterlage vorsieht. Dazu legt man an den Übergängen sowie zusätzlich in der Mitte Kanthölzer unter.

Noch stabiler als mit Kanthölzern wird die Konstruktion durch ein im Boden eingebautes Fundament. Dabei die Neigung vom Haus weg beachten! Zur Hauswand läßt man einen etwa 1 cm breiten Schlitz.

Eine frei tragende Unterkonstruktion erfordert nicht nur handwerkliches Geschick, sondern auch Improvisationsvermögen, um mit den jeweiligen Umständen zurechtzukommen. Eine Beschreibung an dieser Stelle würde den Rahmen sprengen.

Rindenmulch
Schwierigkeitsgrad 1

Dieses natürlich anfallende Material eignet sich für nicht so intensiv genutzte Wege oder zum Beispiel Kinderspielplätze. Hier erweist es sich von Vorteil, wenn der Boden zwar befestigt, aber nicht steinhart ist. Rindenmulch besteht aus schwer verrottenden Rindenabfällen. Wie Kies braucht er nicht exakt verlegt zu werden.
Auf sonnenabgewandten Wegen kann das Material vernässen und mit der Zeit verfaulen.
Andererseits zersetzt sich Rindenmulch auch bei intensiver Bestrahlung und bildet eine nur sehr lockere Auflage. Ein willkommener Vorteil dieses Belags: Er unterdrückt Unkrautwuchs, wenn er hoch genug ist.

Das natürliche Material paßt gut zu Wegen zwischen Gehölzen.

▪ Unterbau
Rindenmulch sollte mindestens 10 cm hoch mit grobem Kies oder Schotter unterlegt werden, damit der Wasserablauf gesichert ist.

▪ Rand
Insbesondere am Rand von Rasen oder empfindlichen Pflanzungen empfiehlt sich eine Umrandung, damit die Rindenstücke nicht so leicht in die Nachbarschaft gelangen. Manchmal tut es schon eine Reihe Großpflaster oder zwei Reihen Kleinpflaster. Manchmal ist eine „herausragende" Betonkante oder – passender – ein längs eingegrabenes Rundholz (ca. 10 cm Durchmesser) als Einfassung sinnvoll.

▪ Arbeitsgang
Am aufwendigsten ist der Unterbau; das gleichmäßige Ausbringen der 5 bis 10 cm starken Deckschicht erfordert keine weiteren Kenntnisse.

▪ Bedarfsberechnung und Bezug
Rindenmulch gibt es in Gartencentern und Baumärkten. Der Mengenbedarf in Litern errechnet sich aus der Fläche in Quadratmetern mal Belagshöhe in Millimetern (ca. 100).

Rindenmulch macht wenig Aufwand und ist ideal für den Nutzgarten.

Gelungene Material-Kombinationen

Wie schon in einem früheren Kapitel betont, ist ein zu großer Materialmix im Garten zu vermeiden, weil das eine unruhige Wirkung erzeugt. Auf der anderen Seite tragen gelungene Kombinationen besonders zur Lebendigkeit der befestigten Flächen bei.

Die einfachste Möglichkeit wurde schon vielfach angesprochen: Die Kombination eines Belags mit einem anderen Randmaterial, häufig Pflastersteinen. Betonsteine, Klinker, Natursteinplatten wie Kies harmonieren gleichermaßen mit diesem Material. Es ist das wichtigste Bindeglied unter den verschiedenen Belägen.

Insbesondere mit Klein- oder Mosaikpflaster lassen sich einzelne oder mehrere Zeilen zur Auflockerung in andere Beläge einbauen. Durch Wiederholung erzielt man regelmäßige Muster. Anstatt einzelner Platten können mit verschiedenfarbigen Pflastersteinen kleinflächige Muster gelegt werden. Randbereiche, an denen der Hauptbelag stark zerkleinert werden müßte, sind seit jeher ein wichtiges Einsatzgebiet für Kleinpflaster. Und auch bei Übergängen zwischen Haupt- und Nebenweg oder Weg und Terrasse aus verschiedenen Materialen haben sich Zwischenzeilen mit Natursteinpflaster bewährt.

Kombination Formsteine und Klinker

Fast künstlerisch wirkt es, wenn man alle Arten von Natursteinen kombiniert (oben). Hier treffen sich drei Materialien am Übergang zweier Bereiche (unten).

Klinker eignen sich ebenfalls gut zum Kombinieren mit Betonsteinen oder Pflaster. Der rötliche Farbton bringt Leben in den vielfach grauen Belagsalltag. Mit mehreren solch kräftigen Farben allerdings sollte man vorsichtig sein. Sie wirken rasch zu aufdringlich. Sehr gerne wird bei der Neuanlage eines Wegs das noch funktionsfähige alte Material verwendet und mit Pflaster oder

Holz
Holz

Klinker kombiniert. Das bringt mehrere Vorteile - nicht nur hinsichtlich der Kosten. Zum einen bleibt dadurch häufig die Bindung zu den übrigen alten Wegflächen erhalten, die nicht angetastet werden. In Kombination mit eingemischtem Pflaster vermittelt das altehrwürdige Material oft eine ebenso pfiffige wie natürliche Wirkung.

Schwierig: Mit unterschiedlichen Maßen arbeiten

Kompliziert wird die Mischung verschiedener Materialien nicht nur in

Alte Klinkerquadrate und Mosaikpflaster formen einen lebendigen Belag.

ästhetischer Hinsicht, sondern auch beim Abmessen und beim Einbau. Wenn man nämlich, wie empfohlen, zunächst den Rand fertigstellt, sollten die Maße der Kombinationsmuster möglichst genau bekannt sein. Zum anderen sind die Materialien ja meist nicht gleich hoch. Vom Arbeitsablauf könnte man sich vorstellen, zuerst die tieferen Pflastersteine oder Klinker zu setzen. Erst dann müßte man die Restfläche mit einer Zusatzschicht Sand auffüllen, um die flacheren Platten zu verlegen. Man sollte bei diesem Arbeitsgang jedoch der Ästhetik Vorrang gewähren. Denn die Platten sind ja der Hauptbelag und die Pflaster oder Klinker nur die zusätzliche Verzierung. Deshalb sollte von vornherein eine ausreichend hohe Aufbauschicht ausgebracht werden. Nachdem das Grundmuster mit dem Hauptbelag gelegt ist, muß man die Füllsteine etwas tiefer in diese Schicht hineinarbeiten.

Einzelstücke einstreuen

Eine einfachere Möglichkeit besteht darin, innerhalb der vorherrschenden Formate einzelne Platten oder Steine mit andersartiger Oberfläche einzustreuen. Dies könnte zum Beispiel mit hellerem Marmor oder dunklerem Basalt geschehen. Der Fantasie sind eigentlich kaum Grenzen gesetzt – Auch bunte Fliesen oder andere Steinreste lassen sich mit etwas Geschick in die Muster integrieren und sorgen für überraschende Effekte.

Stufen

Stufen und Treppen bauen

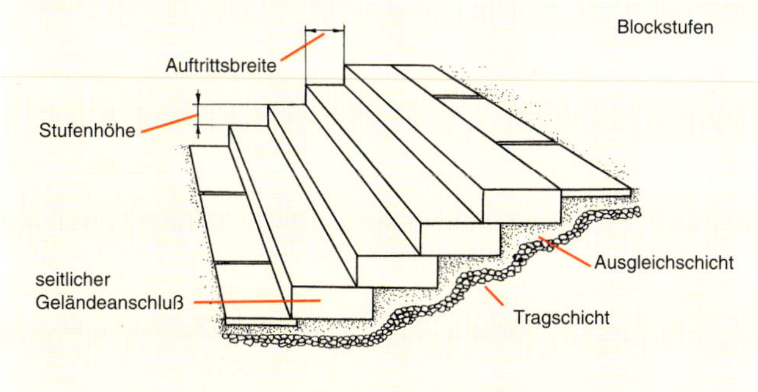

Bestandteile einer Treppe aus Blockstufen

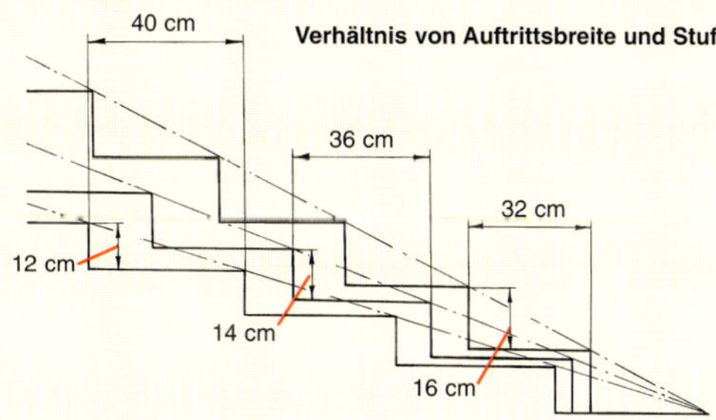

Verhältnis von Auftrittsbreite und Stufenhöhe

Stufen sind in gleichem Maße ein technisches Hilfsmittel zur Überwindung von Steigungen wie ein gestalterisches Element: Eine Gartenanlage auf verschiedenen Ebenen hat ihren eigenen Reiz. Die Ausgangssituation wurde bereits auf Seite 17 beschrieben. Man wählt entweder dasselbe Material wie für die Wege oder zumindest ein passendes. Es ist darauf zu achten, daß die Oberfläche nicht zu glatt ist. Auf seitliche Einfassungen wird meist verzichtet. Am ehesten kann man eine leichte Holztreppe von passenden Pflockreihen begleiten lassen, oder hölzerne Blockstufen von senkrechten Holzbohlen. Wenn die Treppe nicht in der Böschung liegt, sondern aus ihr herausragt, müssen die Stirnseiten optisch bearbeitet sein. Eine überhängende Randbepflanzung sorgt dafür, daß sich die Treppe harmonisch in den Garten schmiegt und einfügt. Einzelne Stufen sind dem Eigenbauer ohne weiteres zuzumuten. Der Bau ganzer Treppen hingegen ist schon beim Aufmaß relativ aufwendig und sollte im Zweifelsfall Fachleuten überlassen werden.

Das richtige Stufenmaß

Die Maße für mehrere aufeinanderfolgende Stufen errechnen sich aus der menschlichen Schrittlänge. Es gilt die Formel:
(2 x Stufenhöhe) + Auftrittsbreite = 64 cm
Die Höhe bewegt sich in der Regel zwischen 12 und 17 cm, das Mittelmaß wären 14 cm. Das ergäbe also eine Auftrittsbreite (Tiefe) von 40, 30 bzw. 36 cm. Flachere Stufen sind eher zu tolerieren als zu hohe. Für einzelne Stufen im Gelände gibt es kein Schrittmaß, das einzuhalten wäre.
Eine Stufe direkt am Hauseingang sollte wie

auch der Weg mindestens 120 cm breit sein, um bequem zwei Menschen nebeneinander Platz zu bieten. Als Mindestbreite unter beengten Bedingungen sind 30 cm einzuhalten.
Ein Treppenabsatz (vor allem bei längeren Treppen zu empfehlen) wird mindestens mit 120 cm Länge eingeplant. Optimal wäre bei gerader Stufenzahl ein ungerades Vielfaches und bei ungerader Stufenzahl ein gerades Vielfaches der Schrittlänge (64 cm) – damit der Schritt wechseln muß.
Bei der Bedarfsberechnung ist zu berücksichtigen, daß die oberen Stufen in der Regel 2 cm breit auf den unteren aufliegen sollen.

Steinblöcke bilden die stabile Vorderkante und werden nachträglich mit Mosaiksteinen ausgepflastert.

Der Unterbau bei Stufen

Der Unterbau gestaltet sich ähnlich wie für Wege. Die Tragschicht muß nicht sehr tief sein (10-20 cm), da ja in der Regel nur das menschliche Gewicht zu tragen ist. Allerdings ist bei Bedarf beim Aushub Platz für ein Betonfundament zu schaffen.
Ein frostfreies Fundament (mind. 80 cm tief) ist natürlich am sichersten, aber auch am aufwendigsten zu erstellen. Als unumgänglich gilt dieser Aufwand bei direktem Kontakt mit Gebäuden. Dann sollte man ihn eventuell Fachleuten überlassen.
Im gewachsenen Gartengelände genügt normalerweise eine Bauweise mit einfachen Betonauflagen. Wenn ganz ohne Beton gearbeitet wird, muß man damit rechnen, daß die Stufen im Laufe der Frostperioden in Bewegung geraten.
An den seitlichen Rändern der Treppe, den sogenannten Treppenwangen, muß nach dem Bau der Boden wieder anmodelliert werden.

Der Bauvorgang

Beim Treppenbau arbeitet man von unten nach oben, weil ja die oberen Stufen auf den unteren aufliegen. Entsprechend trägt man auch Stufe für Stufe die Schichten des Unterbaus auf und verdichtet mit dem Handstampfer.
Alle Stufen erhalten ein Gefälle, um den Wasserabfluß zu sichern, und zwar etwa 1/2 bis 1 cm nach vorne. Vor allem bei der untersten Stufe ist es wichtig, daß sie die gewünschte Neigung aufweist und in der Breite exakt waagrecht liegt. Denn alle anderen Stufen orientieren sich automatisch daran. Außerdem sollte man sicherstellen, daß Stufenbeläge besonders stabil aufliegen. Die 5 bis 10 cm hohe Mörtelschicht wird jeweils aufgetragen, wenn die darunterliegende Stufe fertig ist. Der Mörtelbrei (4 Teile Kies, 1 Teil Zement) muß ausreichend dickflüssig sein, damit die Steine sicher liegenbleiben.

Blockstufen

Diese Stufen sind am einfachsten zu bauen, weil sie aus einem Stück bestehen. Dadurch haben sie ein hohes Gewicht, was der Stabilität zugute kommt, aber auch bei Transport und Bau die Knochen belastet.
Wer Blockstufen aus Naturstein bauen will, muß tief in die Tasche greifen. Billiger kommt man mit Beton davon. Im Handel gibt es Blöcke mit verschiedenen Maßen und Oberflächen. Zur Not kann man sich auch selbst Stufen im gewünschten Maß gießen. Die schweren Blöcke können auf gewachsenem Untergrund sogar ohne Tragschicht gelegt werden, wenn er ausreichend verdichtet wurde. Eine besonders natürlich wirkende Lösung läßt sich mit Steinfindlingen erzielen. Allerdings empfiehlt es sich allein schon wegen des Transportproblems, Fachleute hinzuzuziehen. Denn wenn die Findlinge nicht sachgerecht eingebaut werden, sieht es gar nicht mehr natürlich aus: Sie sollten nicht mehr als zur Hälfte aus dem Boden ragen.

Bei Legstufen besteht die Auftrittsfläche aus einem Stück. Sie wirken leichter als Blockstufen.

Legstufen

Bei Legstufen besteht die Auftrittsfläche aus flach gelegten Stein- oder Betonplatten, wobei die Stufenhöhe durch zusätzliche Zwischenlagen erreicht wird. Diese Bauweise empfiehlt sich besonders, wenn man die Wegführung mit Naturstein fortführen will. Denn Naturstein-Platten sind wesentlich kostengünstiger als ganze Blöcke. Die senkrechten Flächen der Legstufen wirken nicht so perfekt, weil sie aus kleineren Steinteilen und Beton zusammengesetzt werden müssen. Auf der anderen Seite verströmt eine überstehende Legstufenplatte wesentlich mehr Leichtigkeit als ein massiver Block. Die Vorderkante kann gebrochen, darf aber nicht zu scharfkantig sein.

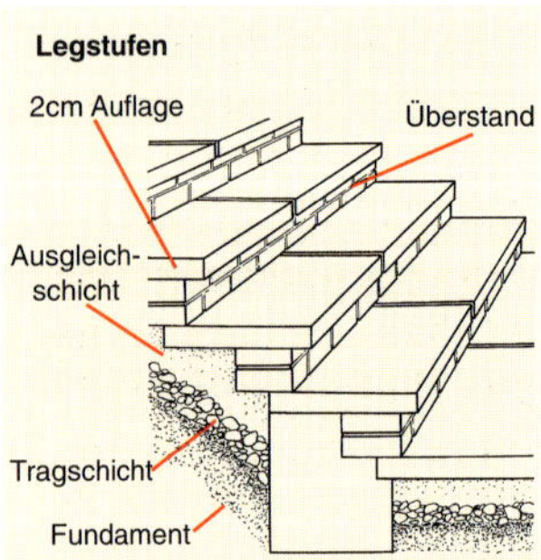

Einzelne Trittsteine fügen sich zu einer anmutigen Naturtreppe.

Die 6 bis 8 cm starken Platten sollten nicht zu klein sein, um ausreichend stabil aufzuliegen. Zum Anklopfen lege man Hölzer dazwischen. Platten aus dem Handel sind oft 40 cm tief. Nur im Notfall sollte eine Stufenbreite aus mehreren Legplatten zusammengesetzt werden. Vor allem die Vorderkante muß man bei dieser Bauweise durch eine Mörtelschicht stabilisieren.
Die Platten müssen immer deutlich tiefer sein als die erwünschte Auftrittsbreite, denn diese errechnet sich nur aus dem Abstand von Vorderkante zu Vorderkante. In Wirklichkeit kommen noch etwa 2 bis 3 cm Überstand sowie 2 cm Überschneidung hinzu, auf der die obere Stufe aufbaut.

Naturstein-Stufen

Rundliche oder quadratische Naturstein-Platten können zu einem einfachen, schmalen Treppenpfad verbaut werden. Ähnlich wie beim Wiesenpfad aus Trittplatten (siehe S. 49) wirkt das sehr natürlich. Wenn sie schwer genug sind, kann man die Platten einfach in die Erde betten. Wichtig dabei ist vor allem, daß der vordere Rand satt aufliegt. Unter der Plattenmitte darf die Unterlage sogar eine kleine Mulde bilden, so daß die Platte gewissermaßen vom Untergrund festgesaugt wird. In der Regel wird man eine Schicht Sand unterlegen.

Stellstufen

Bei Stellstufen wird zuerst eine senkrechte Vorderkante errichtet, um dahinter mit unterschiedlichen Belägen die Auftrittsfläche zu befestigen. Man kann zum Beispiel Betonkantensteine verwenden und dahinter

Kies aufschütten. Oder die Fläche mit Pflastersteinen belegen. Ein entscheidender Vorteil dieser Stufen liegt darin, daß man nach Wunsch den Belag des Wegs fortführen kann.
Dabei muß die stabilisierende Stellkante in ein Mörtelfundament gesetzt werden. Außerdem ist es wichtig, die Schichten des Unterbaus sorgfältig zu verdichten, damit sich die Fläche hinter der Kante nicht mit der Zeit absenkt. Eventuell setzt man die Pflastersteine in eine 10 cm starke Mörtelschicht. Vor dem Stampfen müssen sie 1 bis 2 cm über die Kante hinausragen.

Senkrechte Bretter, die von Holzpflöcken gehalten werden, bilden die Vorderkante einer Stellstufe.

Eine rustikale Lösung: Blockstufen aus Holzbohlen.

Bei der Berechnung der Maße ist zu beachten, daß die Stellkante breiter sein muß als die Stufe selbst, weil sie in das angrenzende Erdreich hineinragen soll.

Holzstufen

Auch mit Holz lassen sich zwei der drei oben genannten Bauweisen verwirklichen. Für Blockstufen verwendet man große Holzbohlen (Eisenbahnschwellen), die – wenn die Auftrittsfläche nicht tief genug ist – noch mit Kies, Pflaster oder Klinkern hinterfüllt werden können. In der Regel sind sie 12 bis 15 cm hoch und 25 bis 30 cm breit. Auch sie werden mit leichter Neigung nach vorn in ein Kiesbett gelegt.
Stellstufen können aus senkrechten Brettern gebaut werden, die man an den Außenseiten, bei über 1 m breiten Stufen auch in der Mitte von vorne durch angespitzte Holzpflöcke stabilisiert. Diese sollten 40 bis 50 cm lang sein und etwa bis zu 5 cm Durchmesser aufweisen. Man schlägt die Pflöcke möglichst senkrecht so weit in den Boden ein, daß nur noch die Höhe der Stufe herausragt, und lehnt das Brett daran. Damit das Holz nicht rasch verwittert, muß der Unterbau der Auftrittsfläche einen guten Wasserablauf sicherstellen. Diese Fläche wird in den meisten Fällen mit Kies aufgefüllt und verdichtet.
Interessanter sieht es aus, wenn statt des Bretts mehrere übereinander gelegte Rundhölzer oder gar dicht gelegte Ruten (von Weide oder Haselnuß) das Vorderhaupt bilden. Solche Stufen wirken besonders natürlich. Auch eine dichte Reihe von Holzpalisaden (häufig als Beetrand) kann eine hölzerne Stellstufe bilden.